新概念阅读书坊

SHEN MI 神秘

HAIYANGDAJIEMI

海洋大揭秘

主编◎崔钟雷

JM 吉林美术出版社

图书在版编目（CIP）数据

神秘海洋大揭秘 / 崔钟雷主编 . —长春：吉林美术出版社，2011. 2（2023. 6 重印）
（新概念阅读书坊）
ISBN 978-7-5386-5220-8

Ⅰ. ①神… Ⅱ. ①崔… Ⅲ. ①海洋 - 青少年读物
Ⅳ. ① P7-49

中国版本图书馆 CIP 数据核字（2011）第 015276 号

神秘海洋大揭秘

SHENMI HAIYANG DA JIEMI

出 版 人　华　鹏
策　　划　钟　雷
主　　编　崔钟雷
副 主 编　刘志远　芦　岩　杨　楠
责任编辑　栾　云
开　　本　700mm × 1000mm　1/16
印　　张　10
字　　数　120 千字
版　　次　2011 年 2 月第 1 版
印　　次　2023 年 6 月第 4 次印刷
出版发行　吉林美术出版社
地　　址　长春市净月开发区福祉大路 5788 号
　　　　　邮编：130118
网　　址　www. jlmspress. com
印　　刷　北京一鑫印务有限责任公司
书　　号　ISBN 978-7-5386-5220-8
定　　价　39. 80 元

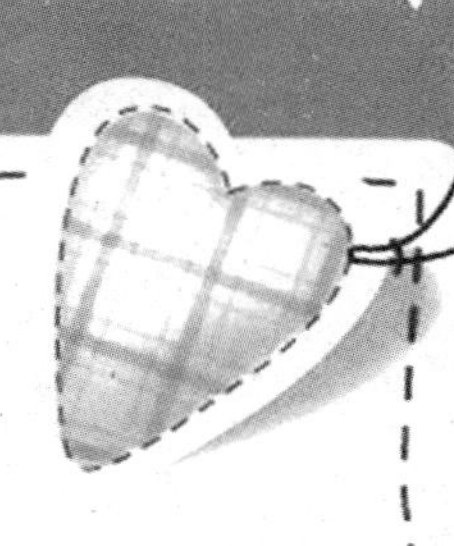

前　言

书，是那寒冷冬日里一缕温暖的阳光；书，是那炎热夏日里一缕凉爽的清风；书，又是那醇美的香茗，令人回味无穷；书，还是那神圣的阶梯，引领人们不断攀登知识之巅；读一本好书，犹如畅饮琼浆玉露，沁人心脾；又如倾听天籁，余音绕梁。

从生机盎然的动植物王国到浩瀚广阔的宇宙空间；从人类古文明的起源探究到21世纪科技腾飞的信息化时代，人类五千年的发展历程积淀了宝贵的文化精粹。青少年是祖国的未来与希望，也是最需要接受全面的知识培养和熏陶的群体。“新概念阅读书坊”系列丛书本着这样的理念带领你一步步踏上那求知的阶梯，打开知识宝库的大门，去领略那五彩缤纷、气象万千的知识世界。

本丛书吸收了前人的成果，集百家之长于一身，是真正针对中国少年儿童的阅读习惯和认知规律而编著的科普类书籍。全面的内容、科学的体例、精美的制作，上千幅精美的图片为中国少年儿童打造出一所没有围墙的校园。

编　者

认识海洋

海洋的形成/ 2

海洋的发展历程/ 5

海底地形/ 13

海水/ 20

海浪与潮汐/ 23

海流/ 28

海洋气候/ 34

海岸/ 44

海洋世界

海洋/ 54

太 平 洋/ 56

印 度 洋/ 61

大 西 洋/ 63

北 冰 洋/ 65

海洋生态

海洋生物资源分布/ 68

海洋生态环境/ 73

海洋植物/ 75

海洋动物/ 79

海洋中的鱼类/ 81

海洋资源

巨大的盐库/ 92

丰富的油气资源/ 95

矿产资源/ 100

最大的淡水库/ 108

海洋空间资源/ 111

海洋药物资源/ 117

海洋基因资源/ 123

海洋环境危机

各种海洋环境危机/ 130

增强海洋保护意识/ 135

海洋之最

最大的岛屿/ 140

最大的群岛/ 141

最大的珊瑚礁区/ 142

最大和最小的洋/ 143

最古老的海/ 145

最热、最咸的海/ 146

岛屿最多的海/ 147

最深的海沟/ 148

最大的海湾/ 149

极地中最擅长潜水的动物/ 150

最大的双壳贝/ 151

最长的软体动物/ 152

最大的食肉鱼/ 153

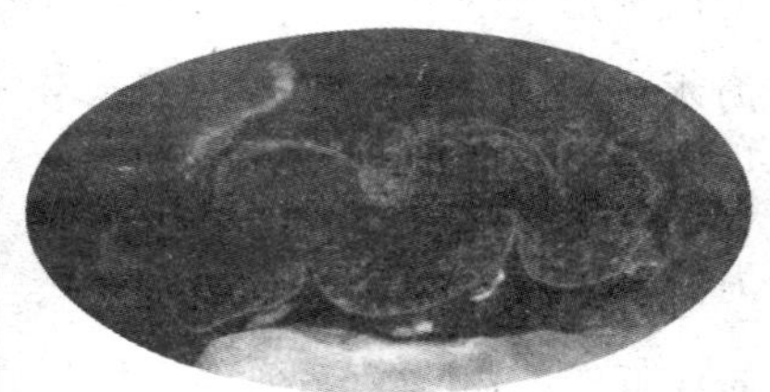

认识海洋

RENSHI HAIYANG

海洋的形成

地球通常被称为“蓝色的星球”，这是因为地球表面的 2/3 都被海水所覆盖。当太阳光照射到清澈的海面上时，就会反射出蓝色的光，所以我们看到的海洋是蓝色的。我们今天所看到的海洋，其形成历程复杂而奇妙。从太空中遥望，宇航员就会看到一颗蓝色的星球。

海洋的诞生

海洋的浩瀚与神秘令人向往，它孕育了地球上最原始的生命。今天，地球上约有 70% 的面积被水覆盖；地球上 97% 的水存在于海洋中，而地球上 97% 的生物也生存于海洋里。

在地球形成的最初阶段，巨大的星际碰撞有规律地发生着，大量的尘埃被释放到大气中，遮住了所有的阳光，使地球陷入黑暗之中。

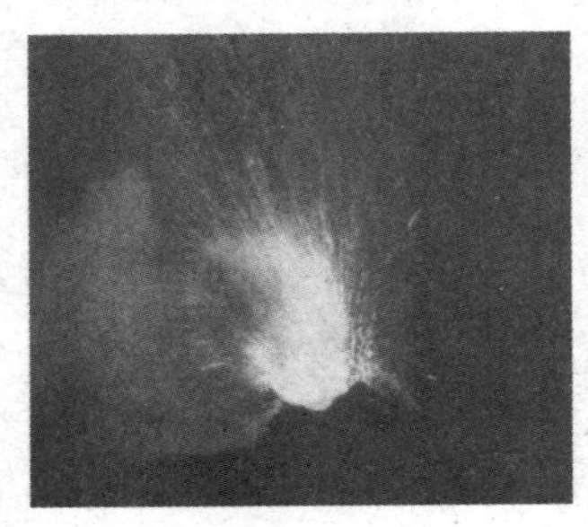

大约四十四亿年前，行星撞击次数的减少使岩浆的活动减弱，地球的表面开始冷却。渐渐地，冷凝的岩浆变成了一层薄而黑的地壳覆盖在地球上。虽然

行星撞击和火山喷发会频繁地把地壳撕开，将炽热的岩浆喷向天空，但是随着撞击的不断减少、冷却在不断进行，地球表面形成了越来越厚的地壳。温度的降低使大气中的水蒸气冷凝，并且以降雨的形式落到地面上。这些雨水积少成多，渐渐形成了地球上的第一片海洋。这时的海水呈酸性，而且温度很高，大约为100℃。火山喷发和大量的降雨把一些盐类物质带入海洋中，使海洋开始有了一点儿盐度。环绕地球的大气中仍充满着二氧化碳，并且密度很大，还具有腐蚀性。随着越来越多的冷凝水的形成，阳光开始穿透黑云。这时，海的周围矗立着高高的环形山，但水的侵蚀作用是巨大的，凶猛的洪水冲向深谷，侵刷着山峰。那些高大的环形山逐渐被海浪磨低或冲击得支离破碎，海岸山系慢慢形成。而后来的几次小行星撞击又使海洋产生了滔天巨浪，整个地球海啸盛行。

海岛的形成

大陆漂移学说的创始人魏格纳认为：大约在2.5亿年以前，现在的各大洲是一块整体的大陆——泛大陆，只有一个古老的大洋环绕在大陆周围。

随着潮汐作用和地球自转离心力作用的发生，在大约1.8亿年前，泛大陆分为两大块，即劳拉西亚古陆和冈瓦纳大陆；同时，古地中海和古加勒比海也开始形成。约一亿年前，非洲大陆和美洲大陆开始分裂，大西洋开始形成。接着，澳大利亚、南极洲和亚洲分离，中间形成印度洋。移动大陆的前沿遇到玄武岩质基底的阻挡，产生了因挤压和褶皱而隆起的高山，而在大陆移动过程中脱落下来的“碎片”逐渐变成了岛屿。

地球及其海洋的演化一直以来都是科学家们所关注的话题。根据地球发展演变的过程，专家们将地球生命史分为古生代、中生代和新生代等几个发展时期。

海洋的发展历程

地质年代测定主要使用6种时间单位，它们只是用来表示地球漫长的历史，分别为永世、代、纪、世、时代、亚时代。永世在某些测定中被认为是10亿年的跨度；代比它短，一般分为两个或多个纪；纪是代的再分；世是纪的再分；时代是世的再分。海洋的地质年代便是依此划分的。

古生代

大约在5.5亿年以前，超级大陆依然沿着赤道分布，过了不久，巨大的裂隙撕开了大陆，海水涌入，形成了大片的浅水区域。在之后的2亿年里，大陆开始分离并向两极漂动。根据地下的岩石和化石来看，那时的海洋温度为20℃～40℃，海水的化学成分和含盐量与现代的海洋非常相似；此外，大气中的氧气含量不断上升，这些就为原始生命的形成创造了理想的条件。

生物多样性

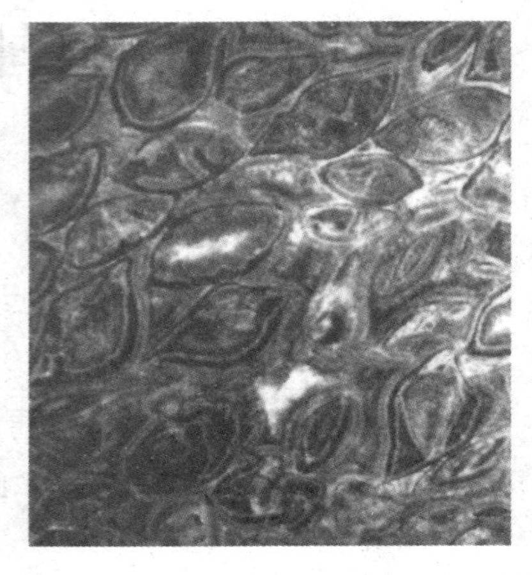

寒武纪是古生代的开端，这是一个以空前的生物演化和海洋生物多样性为标志的时期。在这段时间里，海洋生物迅猛发展，并出现了地球上所有生物形态的雏形，所以科学家们把这一时期称为寒武纪爆发或生物大爆炸时期。这一期间，地球上诞生了甲壳类、贝类、海胆、海绵、珊瑚、蠕虫，以及其他生物的祖先。生物第一次开始利用海水中的矿物质，如二氧化硅、碳酸钙和磷酸钙等来制造贝壳或骨骼，海洋中的一些生物进化出了硬体部分，如贝壳、棘状物和由鳞构成的鳞甲等。

三 叶 虫

三叶虫的身体呈椭圆形或三片树叶状。在其诞生之后的一亿年里，三叶虫凭借着绝对的数量优势统治着海洋。三叶虫遍布海底，大多数体形都很小，长度不到 20 厘米；也有一些体形较大的，体长可达 0.5 米。大多数的三叶虫在海底爬行觅食，有一些还会游泳，所有的三叶虫都能捕食比自己小的生物。

三叶虫化石对地质研究有着重要意义，常常成为判断所在岩石年代的重要依据。

植物的出现

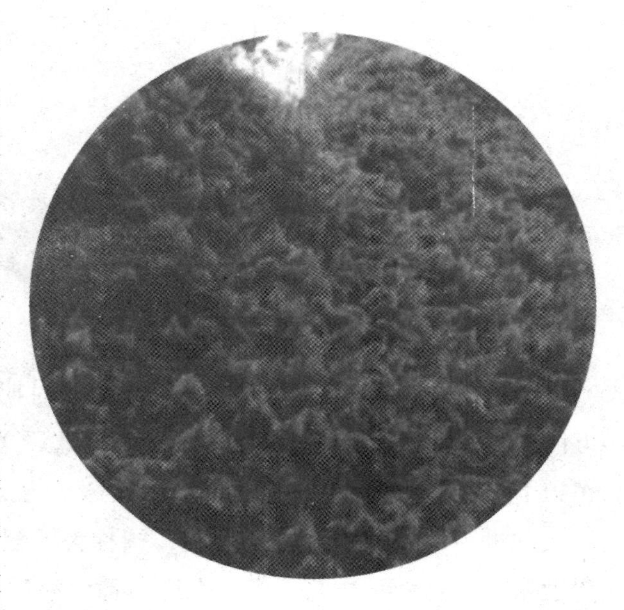

大约四亿年前，地球的外表发生了质的改变：植物、昆虫和一些动物在这时出现并繁衍开来，苔藓和蕨类植物使原本荒芜的大地披上了一层绿衣，森林也开始出现。大片的沼泽取代了早期的海洋环境，干燥的风在广袤的沙漠地区吹拂。海洋和海岸带之间的领土竞争变得愈加激烈，动物被迫迁往陆地以寻求安定的生活环境和新的食物来源。最早离开海洋的生物是早期的两栖动物——它们是现代青蛙、蟾蜍和蝾螈的祖先。这些两栖动物的化石遗迹表明，它们通常生活在小溪和沼泽里，以捕食昆虫、鱼类和自己的同类为生，只是偶尔跑到陆地上休息或觅食。由于两栖动物必须回到海洋中产卵，所以不能总是停留在陆地上，它们向陆生动物的进化并不彻底。对于海洋生物来说，它们第一次从海洋到陆地的过程就像一场噩梦，这其中出现了太多可怕的东西——太阳的酷热、身体受到无法避免的重力影响、怪模怪样的食物和不可预知的天敌或灾难……但毕竟生命传承下来了，同时也进化出了适于陆地生活的骨骼和细胞结构。

中生代

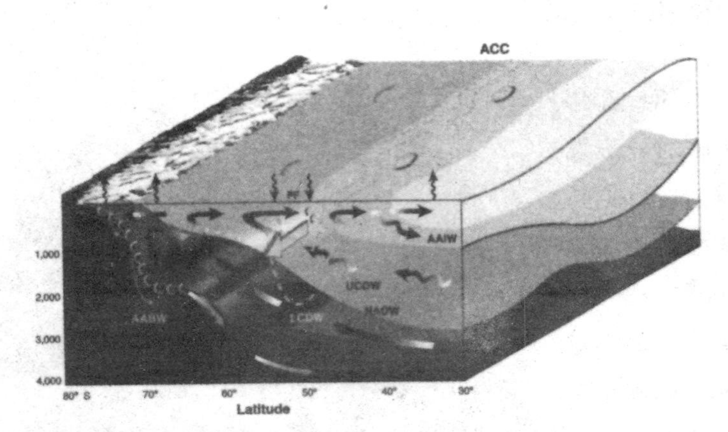

距今大约2.5亿年，地球进入了中生代时期，海洋和陆地在相互的“竞争”中形成“泛大陆”的庞大陆地。这一新生的超级大陆覆盖了大约地球表面40%的面积，从南极一直延伸到北极。一个广袤的世界性大洋围绕着泛大陆，被称为“泛大洋”。泛大洋的深度跟现在的太平洋差不多，宽度却是太平洋的2倍。在泛大洋中，风和其他的表面作用力创造了两个巨大的水流运动循环模式——环流。两大环流一个位于北半球，一个位于南半球。泛大陆东西海岸的水温差异很大。海平面相对较低，大陆边缘的浅水区域变少了，气候炎热干燥。气候随季节和纬度的改变而改变，但这时，极地地区并没有形成广阔的冰川和冰盖。

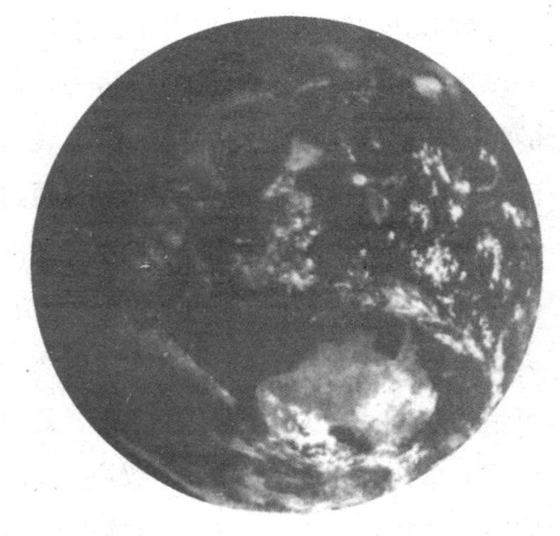

在中生代时期出现了蒂锡斯海，而中生代是爬行动物的时代，也称恐龙时代，包括三叠纪、侏罗纪和白垩纪三个时期。

蒂锡斯海

大约1.7亿年前，泛大陆在地球内部作用力的影响下，生成了两块较大的陆地——北面的劳拉西亚古陆和南面的冈瓦纳大陆。在两块大陆之间，形成了一条沿着赤道生成的狭窄水道——蒂锡斯海。在蒂锡斯海水道的水流中，产生了一个在整个泛大洋中输送热量的巨大的、全球性的洋流。后来，两块大陆分离，形成了古大西洋和古印度洋。而日渐上升的海平面再一次淹没了陆地，形成了大片的浅海区域。这一切使地球的气候逐渐温暖起来。

新生代

中生代过去后，从6500万年前至今的这一段时期被称为新生

代，与古生代和中生代相比，新生代有它更为显著的特点：这时适于生命发展的条件已经具备，关键是看谁能够忍受、对抗和适应正在变化的环境。适者生存，较弱小的物种需要不断地与捕食者和多变的环境进行斗争，只有强健的个体才能生存下来。在海底和陆地上形成的高耸的山脉，永久性地改变了地球的气候。海水的温度和环流都发生了很大的变化，这影响着地球和地球上生命的分布。这时，地球上的统治者是哺乳动物，它们中的一支最终进化成人类的祖先——古猿。

多个海洋的形成

新生代之前的海洋发生了很大变化。早期的南大西洋位于非洲和南美大陆之间，狭窄的北大西洋正在欧洲和北美大陆之间形成；而曾和南极洲相连的澳洲大陆已经分离出来，并慢慢向北移动；同时，印度板块已与非洲大陆分离，且向北缓缓迁移，很快与亚洲大陆相撞。新生代早期，大陆位置的不断变化和海盆的扩张对古代的海洋环境影响颇深，后来对整个地球都产生了影响。那时，古地中海水道和它的赤道环流停止了。澳洲大陆与南极洲分离后，南极洲向今天更接近南极的方向移动，而澳洲也与南美大陆一起向北移动。此时，一股新的环流正沿着南部大陆形成。地球在中生代时期逐渐成为一个遍布海洋的蓝色星球。

板块构造的发现

地球由许多板块构成，而且它们处于不断运动变化之中。这一理论的形成其实非常偶然。1910年的一天，德国科学家魏格纳躺在病床上，目光正好落在墙上的一幅世界地图上。“奇怪！大西洋两岸大陆轮廓的凹凸，为何竟如此相吻合？”于是他设想到：非洲大陆和南美洲大陆以前会不会是连在一起的，也就是说它们之间原来并不存在大西洋，而大陆会不会是不断漂移着的呢？后来，魏格纳通过调查研究，从古生物化石、地层构造等方面找到了一些大西洋两岸陆地相吻合的证据，从而提出了大陆漂移学说。

大陆漂移学说的提出者——魏格纳。

板块扩张理论

地球既然是由许多板块构成的，那么这些板块的大小是否亘古不变，它们的年龄又应该怎样计算呢？赫斯教授认为：世界大洋洋壳的实际年龄要比人们想象的年轻许多，即海洋与海底洋壳在生成年代上是完全不同的。人们通过研究发现：在大西洋中脊的脊顶处有巨大的裂谷。由于洋壳下地幔的高温高压，使得熔融状的地幔物质产生对流，它们对岩石圈的洋壳产生了巨大的冲击力，从相对薄弱的洋壳裂谷带喷涌而出。喷射出来的熔岩一接触冰冷的海水，就很快冷却凝结，成为新的洋壳物质。当然，亿万年来，喷涌凝结的过程一直没有间断过，在随之而来的岩浆力量的驱动下，洋壳不断被撕裂开来，又涌出新的岩浆，再冷却凝结，形成洋壳，挤向裂谷的两侧。在大洋底部渐渐隆起了一座数千米高的海岭，横贯于大洋的中部。而被岩浆分开的海底洋壳，则对称而又缓慢地向两侧推移，其平均扩张速度为每年 3 厘米。当然，离大洋裂谷越远的洋壳，其年代越久远，当它们扩张到大洋边缘处时，由于受到大陆板块的阻挡和挤压而沉入海沟，进入地幔。洋壳这种不断生成、扩张、消失和更新的过程，就是海底扩张的全过程。赫斯的海底扩张理论，很快被地磁学和后来进行的全球钻探计划所得到的信息资料证实。新的资料证实：在最古老的太平洋里，那些远离大洋中脊裂谷的洋壳是最古老的，但其年代也不会超过 1.8 亿年。

海底地形

据资料显示，世界上海洋的平均深度为3800米，海底并不是人们想象中那么平坦，而是跟陆地一样，那里有雄伟的高山，有深邃的海沟与峡谷，还有辽阔的平原。

海洋地形构造非常复杂，主要由大陆架、大陆坡、海盆和大洋底部的海沟、海底平顶山、大洋中脊及海底火山等组成。

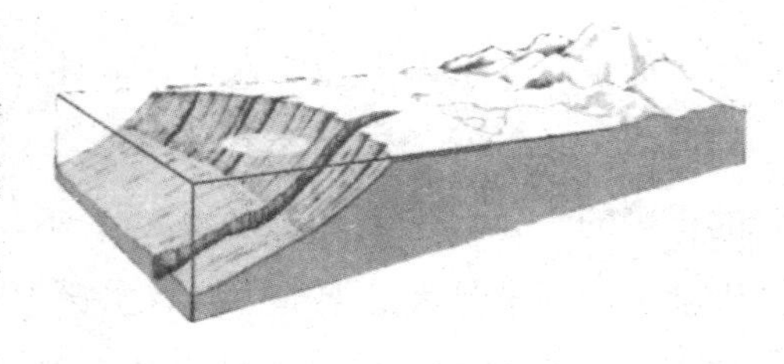

世界上海洋大陆架的总面积有2750平方千米，相当于非洲大陆的面积。

大陆架

大陆架最接近陆地，是陆地向海洋延伸并被海水淹没的部分。大陆架的坡度极为平缓，海水很浅，一般只有几百米，约占海洋总面积的7.5%。

大陆坡

大陆架再往外是相当陡峭的斜坡，它急剧向下可达3000米深，这个斜坡叫“大陆坡”，从大陆坡往下便是广阔的大洋底部。大陆坡上也常常有深邃的峡谷地形，其规模可达数千米，比陆地上最大的峡谷还要险峻。

大陆坡的形成

如果看一下太平洋、大西洋、印度洋的海底图，你会发现，大陆坡像一条飘带一样环绕着整个海洋。从图上看，它只是微不足道的很窄的一条，但若用具体数字表示，它可是地球上最大的斜坡。大陆坡的顶部是大陆架的边缘，水深100～200米，底部在海底，水深3000～4000米，其宽度从十几千米到几十千米不等。实际上，大陆坡就是海盆的边坡，如果把海洋比做一个大水盆，大陆坡就是围绕水盆四周的边。大陆坡地质结构属于陆地地壳。

钓鱼岛

说起钓鱼岛，人们应当不会陌生。然而它是怎么来的呢？

中国的渤海、黄海均为大陆架浅海，黄海南部与东海大陆架连在一起，在东海的东部有一条深海沟，称为冲绳海沟。冲绳海沟南北长1000千米、东西宽150千米，最深处达二千七百多米。

东海大陆坡就是从东海大陆架到冲绳海沟的大斜坡，高低差可达2500米。东海大陆架也是一个巨大的盆地，大约四千米深，盆地

的边缘是一列海底山岭，这道山岭拦截了从中国大陆上河流带来的泥沙，渐渐把这4000米深的盆地填成浅海；而山岭的向海一侧便是冲绳海沟，火山物质从地下深处喷上来，使海沟开裂扩大，朝着大洋的方向演化。

东海大陆架边缘的钓鱼岛等岛屿自古以来就是中国的领土：在地质上，它是台湾东部山岭的延伸，它们拦截了长江、黄河等河流带来的泥沙及有机营养物，形成了4000米厚的堆积层，其中富含石油、天然气。如果没有中国大陆河流供应泥沙物质，东海也将像冲绳海沟一样，是个深几千米的充满海水的海盆。因此，从这方面来看，东海大陆架、大陆坡是中国东部陆地及山脉向海洋的自然延伸，是由中国陆地物质养育而成的。而冲绳海沟作为一个天然分界，把中国沿岸的大陆架、大陆坡与琉球群岛海域隔开，形成了两个截然不同的海域。

海底大峡谷

与一般的海底峡谷不同，有些海底峡谷同陆地上的河流相连接，比如北美洲东海岸的哈德逊海底峡谷，其源头是哈德逊河，河流流入海洋，在海底有个浅平的谷地，进入大陆坡海底，谷地也随之加深，谷底与海底的高差达1000米，到深海海底时，峡谷消失。

大洋中脊

海洋底部也有许多同陆地上一样宏伟的山脉。20 世纪初，德国海洋考察船“流星”号首先发现大西洋中部洋底横亘着一条南北走向的巨大山系，此山系呈“S”形，与人体的脊椎很相似，由此得名“大西洋中脊”。大西洋中脊向北延伸至北冰洋，在北冰洋中部形成了中央海岭和罗蒙罗索夫海岭。巨大的海岭山系从太平洋北端进入太平洋，由太平洋的东部继续向南发展，并在太平洋的南部转向印度洋。由于这条山系明显偏于太平洋的东侧，所以被称为“东太平洋海岭”。

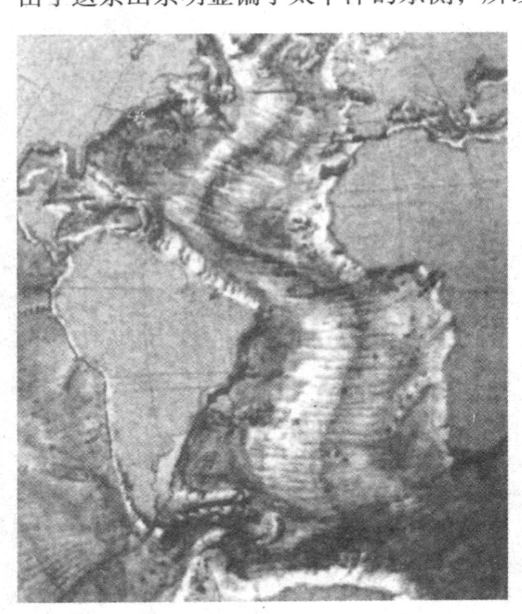

而进入印度洋的山系由于是沿东西方向穿过印度洋，因此人们称这条山系为“印度洋中脊”。据测量发现：这条存在于大洋底部的巨大山脉，绵延不绝，首尾相连，总长度达八万多千米。它的面积总和差不多是五大洲陆地面积之和。大洋中脊的发现，是 20 世纪人类最伟大的地理发现之一。

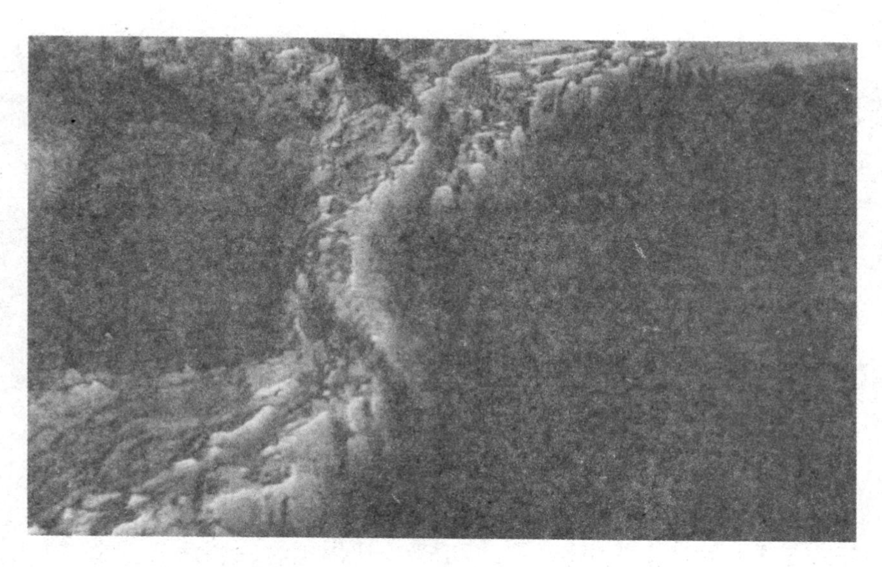

马里亚纳海沟的最大深度为 11034 米，是已知世界最深的地方。

海 沟

大洋底部不仅有绵延高耸的山脉，还有深逾万米的海沟，其中最著名的是马里亚纳海沟。马里亚纳海沟南北长 2550 千米，东西宽七十余千米，海沟陡崖壁立，深深嵌在马里亚纳群岛东侧的洋壳之中。人们通过探测得知：在海洋的江河入海处，有在陆地上难以见到的“V”形大峡谷，谷深达 2000 米 ~ 4500 米，其末端远离河口并一直延伸到数千米的大洋深处。

深海平原

深海平原一般分布于深海丘陵的附近，水深为 3000 ~ 6000 米。它的表面光滑而平整，面积较大，可延伸数百千米甚至数千千米，其面积远远超出了陆地平原的面积。

地球灾难的发源地

太平洋是世界上最大的大洋。人们打开世界地图可以看到，太平洋西部有一连串的深海沟，与海沟紧挨在一起的是一串呈弧形排列的海岛——岛弧。从北向南，先是阿留申群岛与阿留申海沟（深7822米）；而后是千岛群岛与千岛海沟（深10546米），日本岛弧与日本海沟（深9997米）；马里亚纳海沟和汤加群岛与汤加海沟（深10881米）以及菲律宾群岛与菲律宾海沟（深10485米）。

岛弧是由于海底火山喷发而形成的海岛。海沟长几百千米至一千多千米，宽几十千米至一二百千米，比周围海底要深几千米。海沟与岛弧的位置非常特殊，它们处在大陆地壳与海洋地壳交界处。由于地壳运动，地球上大部分火山与地震灾害大多发生在这里，占到全世界地震灾害的80%以上。

地震与岛弧、海沟的联系是很紧密的：在岛弧与海沟区常发生浅源地震（震源深度在70千米以内），越往大陆一侧，震源越深，出现中源地震（震源深度为70～300千米），更靠近大陆则分布着深源地震（震源深度超过300千米）。如果人们把震源归纳起来，大致成一个倾斜的平面，即从岛弧、海沟开始，以40°的倾角向大陆一侧

倾斜，似乎地球被一把“利斧”以40°倾角砍了一刀，刀痕呈弧形；而“利斧”砍入地下700千米深，刀痕在地球内部却是一个平面，所有的火山活动、地震以及地幔岩浆的喷涌都发生在地球的这个“伤口”上。

造成灾难的原因

岛弧、海沟是大陆板块与海洋板块交接的地方。地球内部地幔物质的热对流运动，使大陆板块及海洋板块发生水平移动，它们互相碰撞，海洋板块向下弯曲被挤压而插到大陆板块下面。当这种挤压弯曲超过它的刚性强度时，板块就会发生断裂，这时就会发生地震。海洋板块在不同深度上发生断裂，地震就在不同深度上发生。而当海洋地壳被挤到700千米深时，就会被地球深处温度很高的岩浆所熔化。这样，断裂就不会发生，也就不会产生地震，所以最深的震源不会超过700千米。在海洋板块向大陆板块挤压插入的过程中，地球内部的岩浆会沿着大陆边缘的裂隙上升，喷出地表，形成火山岛弧。

海啸发生时巨浪滔天，所到之处，席卷一空，是一种十分可怕的地质灾害。

台湾就是太平洋板块插到亚洲大陆板块下面形成的岛弧，所以该地区为地震多发区，浅源地震对地面破坏力最大。比如1999年9月21日的台湾大地震，就是两个地壳板块碰撞产生的浅源地震。

海 水

海水不同于人们平常所使用和饮用的水，它不是无味的，而是又苦又咸的，因为海水中有许多矿物质，这些物质中含有与食盐相同的成分，所以海水就有了咸味。世界上盐度最低的海是波罗的海，其盐度只有7‰～8‰。广阔、蔚蓝的海水点缀着我们的地球。

海水的颜色

一般人们看到的海水是蓝绿色的，这同天空为何是蓝色的道理一样：当太阳光照到海面上时，阳光中的红色、橙色和黄色光很快被海水吸收，而蓝色和绿色光由于能射入水中较深处，因此它们被海水分子散射的机会也最大。所以海水的颜色是由海洋表面的海水反射太阳光和自海洋内部的海水分子散射太阳光的颜色决定的，因此海水看上去多呈蓝色或绿色。

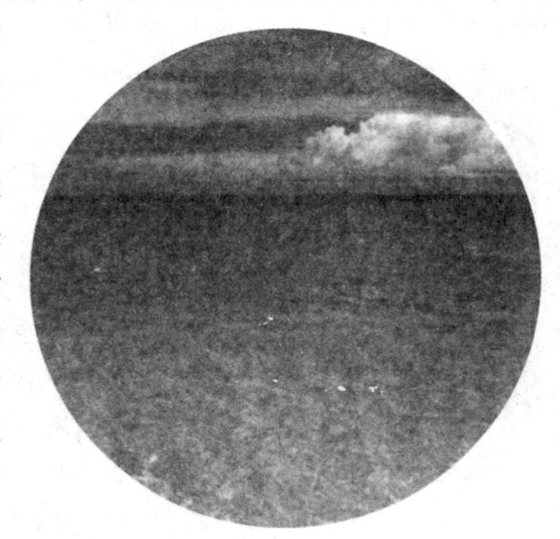

海水的味道

在海洋形成后的很长一段时期内，海水是没有咸味的。而今天的海水之所以苦涩，是因为在数亿年的发展演变中，陆地岩石里的盐和可溶性物质不断被雨水溶解，并随雨水流入海洋之中，而海底火山的喷发，又为海水提供了大量的氧化物和碳酸盐等物质。在这种双重力量的作用下，经过数亿年的海水溶解和海流搬运，整个海洋就由淡而无味逐渐变为咸涩味苦了。

海水中的盐

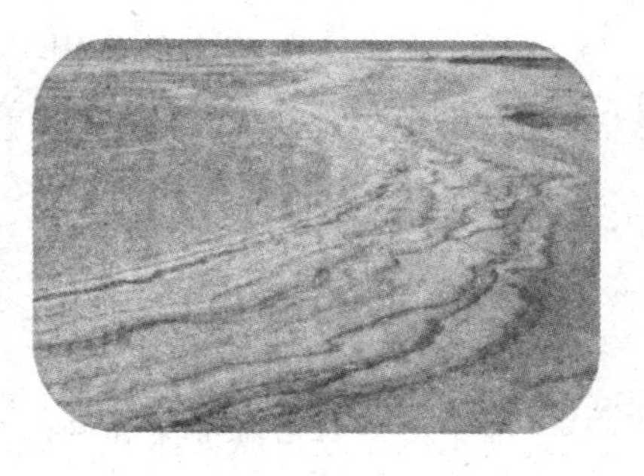

一些地方的泥质海滩广阔平坦，阳光充足，蒸发旺盛，常形成天然盐场。

由于海水中含盐量很高，所以海水尝起来是咸涩的。据测定，海水中的含盐量大约是3.5‰。这里所说的盐，不是我们日常生活中所食用的盐，而是化学概念上的盐，它包括我们日常所吃的食盐成分氯化钠，也包含硫酸钙、氯化钾、硫酸镁、氯化镁等物质。由于海水的体积是非常庞大的，所以它的含盐量是巨大的，大约为五亿亿吨，其中氯化钠，也就是食盐约占80%。

大气圈中的水循环

大气圈中的水循环在水的大循环中占有非常重要的地位。水从海洋中蒸发成为气体，以气团形式被带到高空，它构成了大气中水分的主要来源。条件成熟时，大气中的水汽又形成雨、雪（冰雹）

等降落下来，然后又以河流、湖泊等地表水或地下水的方式返回到海洋之中。人们在不断的调查中发现，非洲撒哈拉沙漠下有一个“化石”水层，它从最后一次冰期起就一直积储在那里。这古老的“化石”水层在千万年的时光中，一直在向海洋方向缓慢地移动。

海水的深度与压力

海水压力指的是海水中某一点的压力，即这一点单位面积上水柱的重量。那么海水的压力与海水的深度有什么关系呢？通过物理学上的计算可以得知，海水深度每增加 10 米，压力便会增加约一个大气压。以此推算下去，在 1000 米的海水深处，其压力约为一百个大气压。在这么大压力的作用下，普通的木块能被压缩到它原来体积的一半。

海水的温度

海水温度是反映海水热状况的一个物理量，通常以摄氏度（℃）表示。它与海水的盐度、密度一样，也是表示海水物理特性的最重要、最基本的要素。低纬度海区水温高，高纬度地区水温低，高低之差可达 30℃。海水的水温一般随深度的增加而降低，在 1000 米深处的水温约为 4℃ ~5℃，2000 米处为 2℃ ~3℃，3000 米深处为 1℃ ~2℃。全球海洋的平均温度约为 3. 5℃。海水温度还有日、月、年、多年等周期性变化。其中年平均水温超过 20℃ 的区域占整个海洋面积的一半以上。

三大洋表面年平均水温约为 17. 4℃，其中以太平洋最高，达 19. 1℃，印度洋次之，达 17. 0℃，大西洋最低，为 16. 9℃。

海浪与潮汐

海水总是处于无休无止的运动之中。到过海边的人都会看到，海水总是在摇动激荡着。从表面看，大海的运动仿佛是混乱无序的，但实际上，它是很有规律的。海水的主要运动方式分为周期性的振动和非周期性的移动两种。周期性振动形成了海水的波动，即海浪和潮汐。

海　浪

海洋渔业、海上运输及海岸工程等都受海浪的影响，所以人们特别注意对海浪规律的研究工作，以便于更好地利用它。那么，海浪又是怎样形成的呢？风吹过海面时，会对局部海区产生作用力，使得海面变形，形成了海浪。如果海风持续不断，海面上会形成多个浪波传递的情形，最后就形成了波浪。

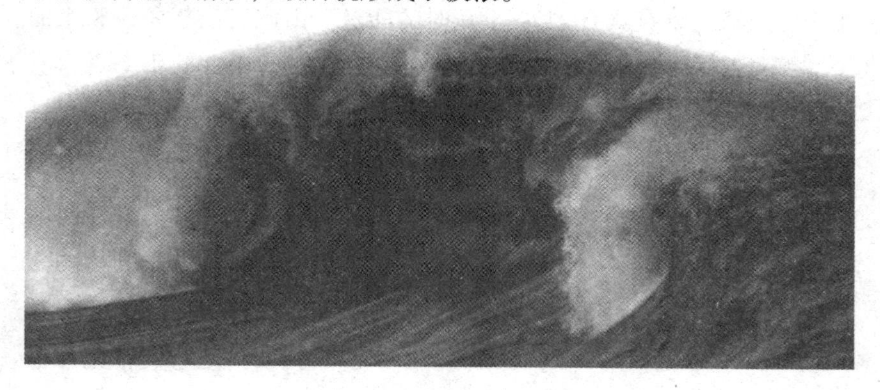

海浪的缔造者——风

风刮过海面时，一方面会对海面产生压力，另一方面通过摩擦把能量传递给了海水。海面接收到来自风的动能，开始产生运动，形成了微波。微波出现后，原来平静的海面发生了起伏，这使海面变得粗糙，加大了海面的摩擦性，给风继续推动海水运动提供了有利条件。于是，在风力的相助下，波浪逐渐成长壮大。所以“风大浪也大”的说法是有其道理的。但是，偶尔风大时，浪却不一定也大，这是因为波浪的大小同时还取决于风影响海域的大小。在生活中，通过细心观察你可以看到：无论遇到多大的风，小水池里也起不了惊涛骇浪；同样，即使在广阔的海上，短暂的大风也不会形成大浪。所以，波浪的大小不仅与风力大小有关，还与风速、风区海域的大小有关。

波浪的能量

波浪发生时所产生的巨大动能令人吃惊：一个巨浪就可以把 13 吨重的岩石抛出 20 米高；一个波高 5 米，波长 100 米的海浪，在 1 米长的波峰片上竟具有 3120 千瓦时的能量。由此可以想象，整个海洋的波浪加起来会有多么惊人的能量。人们通过计算得出：全球海洋的波浪能可产生 700 亿千瓦时的电量，可供开发利用的为 20 亿千瓦时 ~ 30 亿千瓦时，如果把它们转化为电

能，则每年的发电量可达 90 万亿千瓦时。目前，大型波浪发电装置还在研究实验阶段，但小型的波浪发电装置已经投入实际应用。比如，人们利用波浪发电装置为航标灯提供电源，以替代电池。

风暴潮

风暴潮是一种灾害性的天气，主要是由气象因素引起的，所以又被称作气象海啸。当海上形成台风，出现局部海面水位陡然增高，又恰好与潮汐的大潮叠加在一起时，就会形成超高水位的大浪。如果此时再遇上特殊地形、气压等因素，那么冲向海岸的海浪就可能给在沿岸生活的人们造成巨大的损失。

海　啸

海啸往往伴随海底地震或海底火山爆发一同出现，是海水产生的一种巨大的波浪运动。海啸会使海水水位突然上升，形成巨大的波浪，水波以极快的速度从震源传播出去。当巨浪冲上海岸时，就会泛滥成灾，给人民的生命财产造成极大的威胁。又由于海啸往往出现得非常突然，情景十分可怕，因此所造成的破坏也异常巨大。

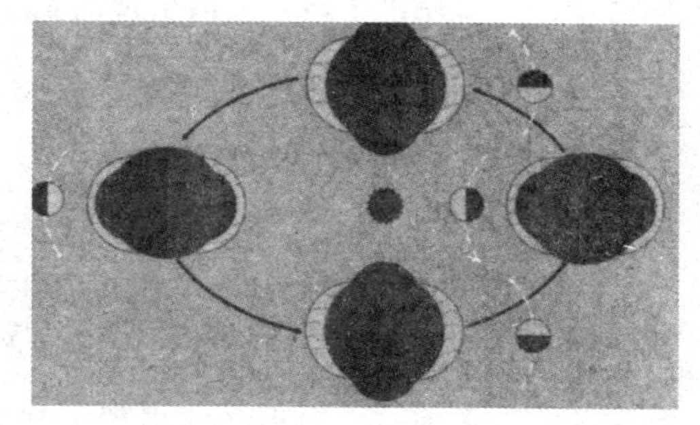

地、月、日三个天体的位置对海水潮汐的形成有着非常重要的影响。

潮　汐

人们通过观察发现：海水的涨落很有规律，一般为每天两次，即白天一次，晚上一次。为了便于区分它们，人们把白天海水的涨落叫做潮，晚上海水的涨落叫做汐。每天潮与汐所间隔的时间总是不变的，每日两次涨落期，需要 24 小时 50 分钟。由于一天是 24 小时，所以潮汐的作息时间每天要推迟 50 分钟，这更接近于月亮的公转时间。

潮汐形成的原因

潮汐形成的原因来自两个方面：一是太阳和月球对地球表面海水的吸引力，人们称其为引潮力；二是地球自转产生的离心力。由于太阳离地球太远，所以常见潮汐的引潮力主要来自月球。大家知道，月球不停地绕地球旋转，当地球某处海面距月球越近时，月球对它产生的吸引力就越大。在月球绕地球旋转时，它们之间构成一个旋转系统，有一个旋转重心。这个重心的位置并不是一成不变的，它随着月球的运转和地球的自转，在地球内部不断改换，但却始终偏向月球这一边。地球表面某处的海水距离这个重心越远时，由于地球的转动，此处海水所产生的离心力就会越大。由此可以看出：面向月球的海水所受月球引力最大，反之则受离心力最大。在一天之内，一昼夜之间，地球上大部分的海面有一次面向月球，一次背向月球，所以海水会在一天内出现两次涨落。

潮汐是永恒的能源

在海水所有运动变化形式之中，潮汐是最为常见、最重要的一种。而它在运动时所产生的能量，是人类最早利用的海洋动力资源。在唐朝时，中国的沿海地区就出现了利用潮汐来推磨的小作坊。11 世纪—12 世纪，法、英等国也出现了潮汐磨坊。到了 20 世纪，人们开始懂得利用海水上涨下落的潮差能来发电。现在，世界上第一个

潮汐发电厂位于法国英吉利海峡的朗斯河河口，一年供电量可达5.44亿千瓦时。据估计，全世界的海洋潮汐能有二十多亿千瓦时，每年可发电12400万亿千瓦时。因此有些专家断言，潮汐将成为人类未来清洁能源的主力军。

钱塘江大潮

在每年的农历八月十八，人们会从四面八方赶到浙江海宁盐官镇的钱塘江大堤上，观看蔚为壮观的钱塘江大潮。每到这天，远处的江面上泛起层层白色浪花，数米高的“水墙”，以排山倒海之势，翻卷奔涌而来，整个江面白浪滔天，汹涌澎湃。这就是举世闻名的钱塘江大潮。

那么，如此壮观的景象是怎样形成的呢？

首先，这与钱塘江自身的径流量和地理位置以及其入海口杭州湾的形状有关。钱塘江河道自澉浦以西，急剧变窄抬高，致使河床的容量突然缩小，而杭州湾又呈喇叭状，口大肚小。在这样的形势下，大量潮水拥挤入狭浅的河道，潮头受到阻碍，后面的潮水又急速推进，迫使潮头陡立，再加上发生大潮的地方又是东海西岸潮差最大的方位。这所有的原因凑在一起，便促成了钱塘江大潮的发生。

海 流

当大洋中的海水有规则地运动时，就形成了海流。有人把海流比做海洋中的河流。海流是历代航海家在对海洋的不断探索中发现的；近代海洋学家根据前人的资料，绘制出了比较精确的大洋环流图。

海流的形成

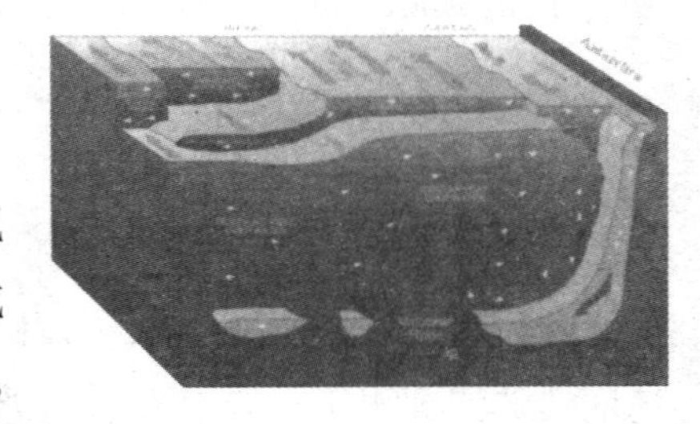

一般来说，暖流经过的地区会增温增湿，寒流经过的地区会减温减湿。

因为大洋中的海流多受大气洋流影响而产生，所以海风就成为大洋表层海流形成的主要原因。人们知道，赤道和低纬度地区的气温高，空气受热膨胀上升，形成低气压，使两极寒冷而凝重的空气受热膨胀，形成冷风，从两极贴着地球表面吹向赤道，而热风从赤道升入高空向两极流动，这样就形成一个连续不断的流动气环。这种空气的不断流动，就是我们最常见的风。由于受地球自转等因素的影响，原本正南、正北的风向发生了偏移，在地

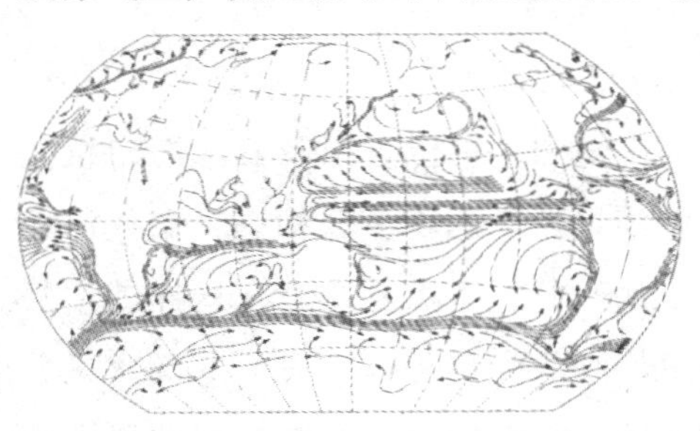

海流按成因主要可以分为风海流、密度流和补偿流三种。

球表面形成了风带。在广阔的大洋海面上，风吹水动，某处的海水被风吹走了，邻近的海水马上补充过来，连续不断，形成海水流动。这种由风直接影响产生的定向海水流动叫做风海流。一般来说，我们生活的北半球，赤道附近海域热辐射较强，一年四季形成强劲的东北信风；而在高纬度地区，则终年吹西风。在这两股强劲信风的共同作用下，大洋海水向西流动，形成北赤道流，它横跨太平洋，全长 1.4 万千米以上。在大气环流作用下的大洋环流，又有暖流和寒流之分。暖流的海水温度比周围海水略高，寒流反之。在暖流中，有两支特别强大的海流，它们分别是太平洋里的黑潮和大西洋里的墨西哥暖流，又称大西洋湾流。

海流犹如人身体里的“血液”，大洋环流就像人体内的“大动脉”，而浅海水域里的海流，则像人体里的“毛细血管”。大大小小的海流循环不绝，把海水从一个海域带到另一个海域；把底层的海水提升到表层。不同形式的海水流动维持着海洋的能量与生态平衡，而大气、海洋间的能量交换，则调节着全球的气候变化。

南极环流

南半球盛行的西风带促成了南极环流的形成。在强劲西风的作用下，产生了强大的风海流。由于这股海流环绕着南极大陆，在南纬35°~65°的海域流动，所以被称为南极环流。南极环流对太平洋、大西洋和印度洋的深层水混合起着重要作用，它又把这三大洋的水连成一体，堪称世界海洋中最强的海流之一。同时，它对世界气候也产生了非常重大的影响。

地中海升降流

地中海处于欧洲、亚洲、非洲三块大陆包围之中，人们发现：大西洋中的海水长年累月注入地中海，却不见流出，也不见海水增加，这着实令人费解。后来，科学家发现了地中海密度流，才知道地中海与大西洋之间的海水相互交换的方式。原来，温度较高、密

度较小的大西洋海水从表层进入地中海；而温度较低、密度较大的地中海海水则从海洋底层流向大西洋。这一进一出，使地中海海水保持了平衡。直布罗陀海峡是大西洋与地中海相通的狭窄通道，当滔滔的大西洋海水急速流经传说中的海格力斯神柱附近时，由于地理环境特殊形成旋涡急流，一不小心，小型船只便会掉进“无底洞”而“粉身碎骨”。在探险家大胆冲出直布罗陀海峡之前，地中海沿岸国家的绝大多数航船都不敢冒然驶出地中海。

升降流

上升流往往发生在近岸海域，由于风海流运动时使表层海水离开海岸，这引起近海岸的下层海水上升，形成了上升流；而远离海岸处的海水则下降，形成了下降流。上升流和下降流合在一起被称为升降流，它和水平海

流一起构成了海洋总环流。上升流在上升的过程中，把深水区的大量营养物质带到了表层，这为浮游生物提供了丰富的养料，而浮游生物又为鱼类提供了饵料。因此，许多著名的渔场多分布在上升流很显著的海域，秘鲁渔场的形成就与该海域的上升流密不可分。

暖流与寒流

地图上，科学家用不同的颜色标示海流，这是因为海流有冷暖之分：冷的叫做“寒流”，因其海水温度低于所流过海区海水的温度而得名，它的流向特点是：由地球的两极附近高纬度海区流出，流向低纬度海区。反之，水温高的洋流称为暖流，它所“携带”的海水温度高于流过海区的海水，流向特点是由赤道附近的低纬度海区，流向高纬度的海区。由于地理环境等因素的影响，海流不像河流那样稳定、长久，而是时常变化的。所以，不论是暖流，还是寒流，都是相对而言的。它们对流经海区和附近陆地的气候会产生很大影响，从而直接影响人类的生产和生活。

黑潮暖流

黑潮位于北太平洋西部，它如一条强劲无比的巨河，由南向北，昼夜不停地滚滚流动着。由于黑潮是由北赤道流转化而成的，所以它具有较高的水温和盐度，即使是在冬季，它的表层水温也不低于

20℃，所以被人们称为黑潮暖流。黑潮的流速为每小时3～10千米，流量大约为3000万立方米/秒，这比我国第一大河——长江的流量要高近千倍以上。

秘鲁寒流

秘鲁寒流是世界上行程最长的寒流。它从南纬45°开始，顺着南美大陆西海岸向北奔流，一直到达赤道附近的加拉帕戈斯群岛海域附近消失，全程约为4600千米。秘鲁寒流的流速并不大，一昼夜约十一千米，水温为15℃～19℃，比流经海区的海水温度要低7℃～10℃。这股强大的寒流在智利附近海区的平均宽度约为185.2千米，流到秘鲁附近海区时其宽度达到463千米。秘鲁海域非常有利于浮游生物大量繁殖，为喜寒性鱼类提供了充足的饵料，因此在这里形成了世界上最著名的秘鲁大渔场。

秘鲁渔场是世界四大渔场之一，是唯一由秘鲁寒流的上升补偿流形成的渔场。

墨西哥暖流

墨西哥暖流又称墨西哥湾流，是世界上最强劲的暖流，因其从大西洋湾流而上，途经墨西哥，故此得名。这股世界上最强劲的暖流，最大流速约每秒2.5米，表层年平均水温为25℃～26℃，表层宽100～150千米，深约700～800米，其流量是全球江河流量的120倍。如此巨大的暖流，对整个北半球气候所产生的影响是巨大的。

海洋气候

海洋与空气二者密不可分，并以多种形式相互作用，从而形成了海洋气候。简单地说，一片海域的气候是由于太阳光强烈幅射使海洋与大气升温，引起海洋与大气的循环。地球上的天气系统是由区域性的空气沉浮形成的，并受制于海洋与大气。

台 风

在赤道附近的太平洋上空，存在着大量高温、高湿的不稳定气团，并且那里的空气对流还动极盛，这是因为靠近赤道附近的太阳光辐射强烈，在气流上升过程中，水汽凝结为液体的水滴，从而释放出大量的热能，并在空中形成一个低压中心。由于空气是从高压区向低压区流动的，所以周围的空气不断流向低气压中心，这为台风提供了源源不断的能量，使台风得以维持和发展，加上受地球自转等因素的影响，形成一个近似圆形的旋涡。这种旋涡又称热带气旋，气旋越转越大，最后形成强劲的台风。

台风眼

当台风发展到一定程度时，其中心一般都有一个圆形或椭圆形的台风眼，直径可达几十千米。风眼中气流下沉，风速一般很小，有时甚至无风，也几乎没什么云存在。因此，台风眼所在区域里的天气晴好，白天能够看到太阳，晚上可以看见星星，被人们称为台风中心的“桃花源”。但是台风眼区的外围，却是天气最恶劣、大风暴雨肆虐的区域。

全球台风生成原因和发生区

台风的生成有其一定的规律性，它一般生成于水温超过 26.5℃ 的热带海面上。但赤道附近海域除外，因为这里的地球转动偏向力为零或接近于零，不可能形成强烈的气流旋涡，因此没有台风生成的条件。全世界每年约生成 80 个台风，其中有 35% 发生在西北太平

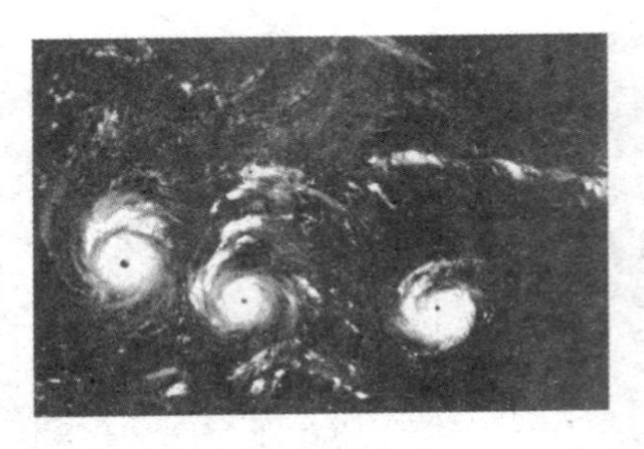

洋，那里是全球台风发生最频繁的地区。所以西北太平洋沿岸的中国、日本和菲律宾，是受台风影响最大的国家。

台风的破坏力

台风的破坏力是令人心悸的，有人估算过，一场台风的平均能量差不多相当于上万颗原子弹爆炸时所释放的能量的总和。但十分有趣的是，直径只有几千米到几十千米的台风中心，在移到某个地区时，有时竟会暴雨骤停，风平云散，上面出现平和的蓝色晴空。它的四周被强烈的上升气流造成的厚厚“云墙”包围。所以

在台风眼过后，这一地区会再度转入“云墙”控制，狂风暴雨的恶劣天气会再次降临。

台风多发生在每年的夏秋季节。那时，我们常会在电视上收看到台风预报和台风警报，还会看到台风在我国东部和南部沿海登陆的情景。台风登陆时风狂雨骤，电闪雷鸣，致使房屋倒塌、农田被淹、人员伤亡、交通受阻，给人们的生产和生活带来极大的不便。

飓　风

同台风一样，飓风也属于热带气旋，但它与台风所发生的地域不同。人们一般把发生在西北太平洋地区的强烈热带气旋叫台风，而把发生在大西洋、东太平洋和加勒比海地区的强烈热带气旋叫飓风。“飓风”的含义为“风暴之神”，它来源于印第安人古老的传说。

米奇飓风

米奇飓风发生在1998年，它袭卷了中美洲地区，尤其是洪都拉斯和尼加拉瓜损失巨大。这次飓风导致一万多人丧生，物质财产损失约数十亿美元。后来由于飓风减速、滞留，在这个地区上空盘旋了数小时，倾盆大雨从天而降，使这次暴风雨的破坏性大大加重。在强暴雨作用下，山洪暴发，农田尽毁，奔涌而来的泥沙洪水埋葬了数以千计的房屋和人畜。

安德鲁飓风

1992 年 8 月，安德鲁飓风袭击了南佛罗里达，亦造成了数十亿美元的损失。幸运的是：由于及时预报和疏散，仅 43 人死亡。造成这么大损失的罪魁祸首不是降雨，而是猛烈的旋风和下沉气流。幸运的是：安德鲁飓风移动得非常快，可达 32 千米/时；不幸的是：它聚集的风速在 200 千米/时以上，并且产生了 2 ~ 5 米高的风暴潮，安德鲁飓风席卷了所到之处地面上的一切。

季节风

季节风多发生在印度洋及其上空，它形成的主要原因是基于风的季节性倒转。在夏季到来的北半球，亚非大陆气温升高，陆地上正在上升的暖湿气流吸收了来自印度洋的气体，产生了向东部和北部流动的表面风和洋流，从而产生了顺时针的海洋环流。携带湿气的风吹过温暖海面移向陆地。接着，阵阵急雨，即人们所知的季节雨在亚洲和北非降落，为遭受炎热干旱困扰的庄稼带去了希望。在西南季风盛行期间，降雨并不连续，往往是短期内发生的强烈阵雨，雨后紧接着又是 20 ~ 30 天的干旱。

到了冬季，北半球的陆地比海洋冷得要快许多，因此季风体系逆转。在相对温暖的海洋，空气上升，吸收来自于陆地的空气，并且在海面上风和洋流逆转，流向南部和西部，产生了逆时针的环流。这时，携带湿气的风从南部通过赤道移向南非。这种风和洋流的逆转对非洲东部所造成的影响是巨大的。在夏季季风期间，急而窄的西部边界流（索马里流）沿着海岸向北，该地区海洋上升流为渔业带来天然的养料，促进了渔业的丰收。然而，当秋冬季节来临时，索马里流转变方向并且变弱，上升流也会停止运动。

厄尔尼诺现象

厄尔尼诺现象是在季风期间对风和雨强度影响最大的因素之一。在东太平洋的厄瓜多尔和秘鲁沿岸，每年圣诞节前后，海洋表层海水的温度常常一反常态地突然升高，一般到 3 月份又会自然消失。由于这种现象发生在圣诞节前后，所以当地人就把它称为厄尔尼诺，取“圣婴”之意。有时在东太平洋和中太平洋洋面上，海水反常地持续升温，温度超过常年平均气温 0.5℃ 以上，并且持续半年多之久，在气象学和海洋学上人们亦称其为厄尔尼诺现象。

厄尔尼诺产生的原因

厄尔尼诺现象并不是偶然出现的，它是由许多原因促成的。正常年份，赤道中、东太平洋表层海水被吹到赤道西太平洋海区，并在那里堆积形成一个大暖池，水温可达 29℃ ~30℃；而在东部海区，由于深层温度较低的海水上升补充，这里的海水温度降至 23℃ ~24℃。

在厄尔尼诺期间，热带东风减弱，有时甚至吹西风，使得赤道西太平洋的暖池水又流向东部海区，使那里的冷水涌升减弱，甚至停止。这样，东部海区表层海水的温度就会比常年高，形成了西太平洋表层海水温度偏低，而东太平洋表层海水温度偏高的现象。以上这些原因，共同造就了厄尔尼诺现象。

厄尔尼诺造成的灾害

某一地区的干旱与湿润气候是由气流的运动方式决定的。一般来说，持续的上升气流会造成气流中水汽不断凝结而出现大量降雨；持续的下降气流则会形成久晴无雨的天气。在正常年份中，位于赤道西太平洋的印度尼西亚和菲律宾等地，由于处于沃克环流圈西部的上升气流区域，所以气候湿润，年降雨量都在2000毫米以上；而位于赤道东太平洋的厄瓜多尔、秘鲁等地，由于处在环流圈东部下沉气流区域，其年降雨量常常不足100毫米，因此当地人的住房设

厄尔尼诺现象会导致持续、大量的降雨，常会造成洪水、泥石流等灾害。

施都是为适应干旱气候而设计的。厄尔尼诺现象发生时，沃克环流圈的东移会使本来多雨的地区发生严重的干旱；而原来干旱的地区则暴雨成灾。此外，沃克环流圈东移，还通过相邻的其他地区大气环流的调整，影响到世界大部分地区，也因此引起世界性的气候异常。

沃克环流圈

赤道太平洋区域在正常年份中，由于西太平洋暖池水温最高，东太平洋水温最低，因此西太平洋上空盛行上升气流，升到高空后向东流去，到达低温的东太平洋后下沉，接着在海面上又以东风的形式返回西太平洋。这样，便构成了一个东西方向的大气环流圈，气象学家把它称为“沃克环流圈”。

秘鲁渔场

秘鲁渔场是闻名世界的大渔场，在20世纪五六十年代的时候，那里的捕鱼量约占世界捕鱼量的20%。秘鲁渔场的鱼类主要为冷水性鱼类，如金枪鱼、提鱼等。秘鲁渔场属于洋流促成的渔场，当北上的秘鲁寒流到达厄瓜多尔、智利、秘鲁外海水域时，由于受到大陆坡的阻挡，冷水团从数千米的海底上升到海面，与南下的暖流相遇，易于海洋微生物的繁殖，使这一海域饵料异常丰富。但是，当厄尔尼诺现象发生时，冷水性鱼类则会迁徙他方，海鸟等生物也会因饥饿而大量死亡，致使该区域的渔业生产遭受到灭顶之灾。

拉尼娜现象

在非正常年份，东南太平洋表层海水温度比一般年份异常偏高时，人们会把这种现象称为“厄尔尼诺”（圣婴）；而当这一海域的表层海水温度比一般年份异常偏低时，科学家将此类自然现象称之为“拉尼娜”（圣女），与“厄尔尼诺”（圣婴）相对应。

“拉尼娜”现象一般发生在“厄尔尼诺”之后，但并不是每次都这样，这一现象非常缺乏规律性。拉尼娜现象对气候的影响更为复杂，更难预测。迄今为止，人们还没发现导致这种海水温度异常偏低的原因。

全球气候变暖

地球从其诞生至今已有45亿年的历史，在这漫长的时间里，大气、海洋以及陆地之间的相互作用，致使气候在温暖和寒冷间呈周期性变化。而在地球的气候变化中，尽管在某种程度上较为模糊，但始终是海洋起着主导作用。现阶段，全球变暖已成为全世界人们最为关注的问题。引起警示的并非全球变暖本身，而是其惊人的变化速度。当气候经历成千上万年的改变时，地球上的生物有足够的时间去适应——或迁徙或随其周围环境的改变而改变它们的生活方式。但当气候的改变如此突然时，地球上许多生物将走向毁灭。全球变暖的后果是严重的，它产生巨大的热量，致使海平面上升，洪水、疾病、干旱以及频繁的风暴活动等自然灾害肆虐横行。

全球气候变暖的数据

1997 年，全球平均海面温度是 20 世纪乃至过去的 1000 年里最高的；1998 年，全球海洋表面平均温度每月均达最高温度。由国际政府气候变化专门小组（IPCC）就气候变化作出的《1995 年温度变化报告》表明：20 世纪的海洋表面温度与 15 世纪后任何一个世纪的最高温度一样高，甚至更高。全球平均表面温度上升了大约 0.3℃～0.6℃，这使海面升高了 10～25 厘米，海洋冰山也开始融化。

据调查，人们发现，空气中二氧化碳浓度的升高是导致地球温度迅速升高的主要原因。过量的二氧化碳多来自于矿物燃料燃烧以及森林大片毁灭。二氧化碳、水蒸气以及其他温室气体（甲烷、一氧化氮、氯氟烃、臭氧）吸收长波或红外线，对地球辐射能量增强，进而导致大气受热和气候变暖。夏威夷的冒纳罗亚观测站对大气的测试表明：自 1850 年至今，空气中二氧化碳的数量增加了 25%～30%。那么，随着二氧化碳含量的升高，地球是怎样变暖的，其速率为多少？IPCC 报告表明：到 2100 年地球的平均表面温度将升高 1℃～3.5℃，海面将上升 15～95 厘米。

海 岸

海岸是连接海洋边缘的陆地部分。它是把陆地与海洋分开，同时又把陆地与海洋连接起来的海陆之间最亮丽的风景线。海岸有多种划分方式，根据海岸动态，可将其分为堆积海岸和侵蚀性海岸；根据地质构造，又可将海岸划分为上升海岸和下降海岸等等。

海岸线和海岸带

海洋与陆地的分界线，称为海岸线。人们通常把多年平均涨潮时海水到达的界线称为海岸线。

海岸带则是指现代海陆之间正在相互作用的地带，也就是每天受潮汐涨落影响的潮间带及其两侧一定范围的陆地和浅海的海陆过渡地带。

基岩海岸

基岩海岸是由坚硬岩石组成的，它轮廓分明，气势磅礴，颇具阳刚之美，它是海岸的主要类型之一。基岩海岸常有突出的海岬，在海岬之间形成了深入陆地的岬湾。岬湾相间，绵延不绝，海岸线十分曲折。

我国的基岩海岸多由花岗岩、玄武岩、石英岩、石灰岩等山岩组成。辽东半岛突出于渤海及黄海中间，该处基岩海岸多由石英岩组成。山东半岛多为花岗岩形成的基岩海岸。杭州湾以南的浙东、闽北等地的基岩海岸多由火成岩组成。而闽南、广东、海南的基岩海岸多由花岗岩及玄武岩组成。

杭州湾以南的东南沿海地区是整体抬升的山地丘陵海岸，其间镶嵌了小块的河口平原。这里多基岩海岸，海岸线曲折，港湾深入内地，岸外岛屿罗列，多海蚀崖、海蚀阶地、海蚀柱、海蚀洞等海岸地貌。

卵石海岸

在卵石海岸上堆积着大量碎玉般光滑的卵石。通常卵石的形状各异，大小不一，颜色各异，形成一道亮丽的风景线。

卵石海岸在我国分布较广，多在背靠山地的海区。辽东半岛、山东半岛、广东、广西及海南都有这种海岸分布。辽东半岛西南端的老铁山沿海断续分布着以石英岩为主的卵石海岸。在山东半岛，许多突出的岬角附近都有卵石海岸分布。卵石海岸宽度各处不一，山东半岛东端成山头附近卵石海岸宽约四十米，胶南及日照岚山头附近的卵石海岸宽度可达数百米。在山东沿海的一些岛屿，如田横岛、灵山岛也有典型的卵石海岸存在。台湾岛东海岸濒临太平洋，水深坡陡，形成了多处卵石海岸。台湾东海岸卵石海岸宽度较大，在北端的三貂角和南端的鹅銮鼻一带宽度可达 800～1000 米。

沙质海岸

沙质海岸是由金色和银色的沙粒堆积而成的，松软的沙滩是人们消暑、休闲的最佳选择。沙质海岸主要分布在山地、丘陵沿岸的

当你站在海边基岩之上，远眺海浪汹涌，近观脚下惊涛拍岸，壮美之情便会油然而生。

海湾。发源于山地、丘陵腹地的河流，携带大量的粗沙、细沙入海，除在河口沉积形成拦门沙外，随海流扩散的漂移的沙砾在海湾里沉积成沙质海岸。

我国的北戴河、南戴河、昌黎黄金海岸、青岛汇泉浴场、北海银滩浴场、海南三亚大东海和琅琊湾等地每到假期会便聚集四面八方的游客。成千上万的游人在海中游泳嬉戏，在沙滩上进行各式各样的休闲活动。

淤泥质海岸

淤泥质海岸主要由细颗粒的淤泥组成。其沿岸通常看不到山，面向陆地的一侧是辽阔的大平原。淤泥质海岸一般分布在大平原的外缘，海岸修长笔直，岸滩平缓微斜，潮滩极为宽广，有的可达数十千米。淤泥质海岸的组成物质较细，大多是粉沙和淤泥，沿岸有许多入海河流。在沿岸附近、河口区经常可见古河道、泻湖或湿地等淤泥质海岸所特有的地貌景观。

我国的淤泥质海岸分布较广，长约四千多千米，约占我国大陆海岸的22%。淤泥质海岸地区的土地肥沃，向来是我国粮食生产的重要基地。

红树林海岸

红树林海岸是生物海岸的一种。红树植物是一类生长于潮间带的乔灌木的通称（潮间带是指高潮位和低潮位之间的地带）。红树植物的种类繁多，但从世界范围上来讲，它分为西方群系和东方群系两大类。我国红树林与亚洲、大洋洲和非洲东海岸的种类同属于东方群系。受地理纬度的影响，热量和雨量由低纬度向高纬度减少，

因而红树林种类的多样性从南到北逐渐降低，植株的高度由高变低，从生长茂盛的乔木逐渐过渡到相对矮小的灌木丛。

红树林海岸主要分布于热带地区。南美洲东西海岸及西印度群岛、非洲西海岸是西半球生长红树林的主要地带。在东方，以印尼的苏门答腊和马来半岛西海岸为中心分布区。沿孟加拉湾—印度—斯里兰卡—阿拉伯半岛至非洲东部沿海，都是红树林生长的地方。澳大利亚沿岸红树林的分布也较广泛，印尼—菲律宾—中印半岛至我国广东、海南、台湾、福建沿海也都有分布。由于受黑潮暖流的影响，红树林海岸一直分布至日本九州。

冰雪海岸

地球上南极洲和北冰洋的海岸是最为奇特的海岸。在那里，几乎看不到泥沙和岩石，只有晶莹、洁白、纯净的冰雪。北极地区通

人们可以在珊瑚礁区建立海洋动物园、自然保护区，既是人们的旅游胜地，又是科研基地。

常是指北极圈（北纬 66°33′）以北的区域，包括北美洲大陆及欧洲大陆极北的地区，还有格陵兰岛和冰岛等岛屿，以及北冰洋的大部分水域。北极地区是一个以海洋为主的地区，海域面积达 1300 万平方千米，陆地面积仅有 800 万平方千米。海洋面积占北极地区总面积的 61%，陆地面积仅占 39%。

珊瑚礁海岸

珊瑚礁海岸是由造礁珊瑚、有孔虫、石灰藻等生物残骸构成的海岸，依其特征可分为岸礁、堡礁和环礁。

珊瑚不是植物，而是一种叫珊瑚虫的微小的腔肠动物的尸体。珊瑚虫像个肉质小口袋，口袋顶部有口，口的周围长满了绒毛似的触手。珊瑚虫到处漂游，四海为家，它一旦碰到海岸边的岩石或礁石就扎根生长。珊瑚虫以群居为主。它们伸出触手，从海水中捕捉食物，食物消化以后，分泌出石灰质，形成骨骼与灰质外壳。珊瑚虫死亡之后，骨骼遗骸会积聚起来，其后代又在前辈的尸骸上继续繁殖，经过长期积累便形成了珊瑚礁海岸，其形态在所有热带海岸中别具一格。

由于珊瑚对生长环境的要求比较严格，所以珊瑚只能生长在具备它所需条件的热带、亚热带海区，以及暖流影响到的温带地区。所以，珊瑚生长的界线，主要在赤道两侧南纬28度到北纬28度之间的海域。珊瑚礁的功能较多，它不仅对海岸具有保护作用，而且还常储存油气资源。

芦苇及盐生水草海岸

芦苇及盐生水草海岸是指生长着芦苇、大米草、盐蒿等植物的海岸。这些植物的特点是能在咸水中生活、耐盐碱。每到春季时，芦苇发出新芽，把海岸染成一片翠绿，深秋又渐渐枯黄，为海岸换上金黄色的衣裳，真是美不胜收。在此类海岸中，芦苇海岸最为多见。

芦苇属多年生高大草本植物，可用以保土固堤，并可做造纸、人造纤维的原料。芦苇适应性强，中国及世界温带地区均有分布。芦苇的形态变异较大，但一般具有发达的根状茎；地上茎高1～3米，粗细随生长条件而异；叶互生呈带状，宽1～3.5厘米；复圆锥花序。它们适宜肥沃潮湿的环境，通常成片生长于池沼、河旁、湖边，形成芦苇荡。芦苇繁殖能力强，常用根状茎繁殖，也可用芦秆和种子繁殖。芦苇含44%的纤维素，与木材纤维相仿，是优良的造纸原料，还可用以制造人造棉及人造丝。秆可盖建茅屋，又可编织芦席、芦帘及其他用具。根状茎在中医学上称芦根，为清热利尿药。种植芦苇，除可固堤外，还是海涂开发的先锋植物，并有改良盐碱土及净化污水的作用。

芦苇海岸是鱼、虾、贝、蟹的聚居地，是各种水禽、鸟类栖息的场所。

芦苇可以促淤固岸，芦苇荡是天然的消浪器，使波浪由大化小，由小化无。潮水携带的泥沙在芦苇荡中迅速沉积下来，使海岸避免冲刷，得到加固。芦苇海岸前沿都有丰富的泥沙沉积，形成广阔的粉沙淤泥滩。随着滩面的升高，海水不断后退，可生成大片新生的肥沃土壤。

贝壳堤古海岸

人们对天津贝壳堤古海岸的研究已经有三十多年的历史。这里是地质、海洋、石油、地理、考古等部门、院校、科研单位研究海岸演变的重要场所，国内外围绕此海岸已发表了多篇研究论文。

1991 年 8 月，北京第十三届国际第四纪联合会会议期间，8 个国家的专家考察了保护区内的贝壳堤和牡蛎滩，并给予了高度评价。

贝壳堤是由生活在潮

间带的贝类死亡后的硬壳经波浪搬运，在高潮线附近堆积形成的。黄骅一号贝壳堤形成的时代为距今6150年—5340年，从开始形成到停止发育，前后经历了810年。这一时期，没有大的河流在此入海，海水透明度高，适宜贝类生活。大量贝类死亡后遗留下来的贝壳，在波浪作用下被堆积在高潮线附近，形成了黄骅一号贝壳堤。

这里常年栖息和出没的鸟类有天鹅、白鹳、鹈鹕、大雁、白鹭、苍鹰、鸥鸟、苇莺、椋鸟等。

海洋世界

HAIYANG SHIJIE

海 洋

数亿年前，海洋最早孕育了生命。生命在水下繁衍，最终它们到达岸边登上陆地。如果没有海洋，地球上将不会有生命的存在。然而，在大多数人眼中，海洋却是美丽而恐怖的。它时而风平浪静，时而波涛汹涌，充满了神奇的魔力，总会让人们产生想不断探寻其中奥秘的强烈欲望。

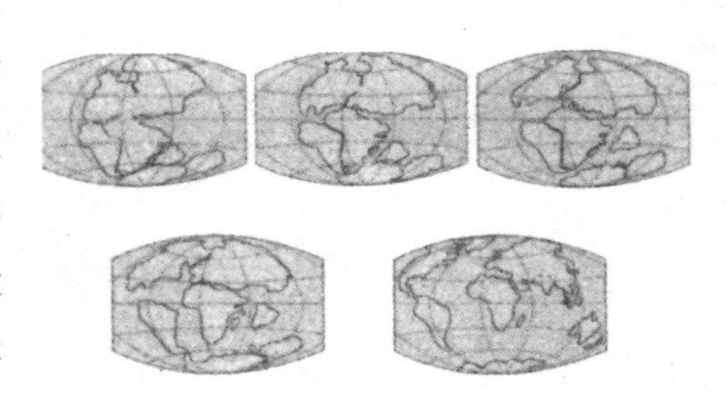

原来海洋和大陆各自都是一个整体，经过数亿年的地质变化，最终演变为现在的样子。

海洋是指覆盖地球表面大约70%的连绵不断的咸水水域，海洋中含有13.5亿多万立方千米的水，约占地球上总水量的97%。世界海洋按区域划分为四个大洋和一些面积较小的海。大洋是海洋的中心部分，是海洋的主体。大洋非常深，一般都在3000米以上，最深处可达一万多米。大洋距离陆地比较遥远，受陆地的影响较小，所以大洋的水温和盐度变化都不大。大洋的水下一般都有轮廓清晰的盆地、海底地形，水面上有盛行风，还有独特的洋流和潮汐系统。四个主要的大洋为太平洋、大西洋、印度洋和北冰洋。现在还有一种说法是世界有五大洋，除了前面所说的四大洋，还有南极洋，即南极洲附近的海域。

海是位于大洋边缘的水域，是大洋的附属部分。因为比较临近陆地，所以海受大陆、河流、气候和季节的影响非常明显，海水的温度和盐度等均都受陆地的影响，且变化明显。但是海并没有独立的洋流和潮汐系统。世界上的海很多，主要的海大约有五十个。

由于海洋在地球上的面积非常大，所以从宇宙中来看，地球就像一个蓝色的水球。海洋是孕育地球生命的摇篮，据说最原始的生命就是来自于海洋，海洋对于地球上的生命是非常重要的。而且，海洋也对全球的环境至关重要，它调剂着地球的气候。

太平洋

太平洋位于亚洲、大洋洲、南美洲、北美洲以及南极洲之间。它的名称来源于麦哲伦船队。1521 年 3 月，当麦哲伦环球航行经过太平洋之时，恰逢风平浪静之日，而且在东南信风稳定地吹拂下，他们顺利地到达了亚洲东南部。因此，他们给这个大洋定名为太平洋。

太平洋的形成

最初，地球上只有一个大洋，可称其为泛大洋，它的面积是现在太平洋的 2 倍。

约两亿年前的侏罗纪时代，即恐龙家族主宰世界的时代，泛大陆分裂开来，北半球的那一块陆地叫北方古陆（也叫劳拉西亚大陆），南半球的叫南方古陆（也叫冈瓦纳大陆）。南北两块大陆中间出现了一个古地中海，被称为特提斯海。它的位置包括现在的地中海和欧洲南部的山系、中东的山地以及黑海、里海、高加索山脉、一直延伸到中国境内的喜马拉雅山系等地区，是一片东西走向的海洋，且与泛大洋相通。当时大西洋和印度洋还没有出现，北美洲与欧洲之间

（现在北大西洋的位置）是一条很窄的封闭的内海。到了1.3亿年前，北大西洋从这个内海开裂扩张，东部与古地中海相通，西部与古太平洋相通。经过上亿年的漫长演变，才最终形成我们今天所知道的太平洋。

星罗棋布的岛屿

在四大洋中，太平洋是岛屿最多、岛屿面积最大的大洋。太平洋里岛屿的总数达一万多个，总面积为四百四十多万平方千米，约占世界岛屿总面积的45%。

新几内亚岛是太平洋中最大的岛屿，也是世界第二大岛。太平洋的岛屿主要集中在中西部，且多为大陆岛屿，如千岛群岛、日本列岛、台湾岛、菲律宾群岛、加里曼丹岛和新几内亚岛等。密克罗尼西亚群岛、美拉尼西亚以及波利尼西亚群岛，是太平洋的三大群岛，位于中南部热带海域，主要由火山岛和珊瑚岛构成。岛上椰林

密布，海水清澈透明，风光怡人。太平洋中部的夏威夷群岛是一些火山岛，那里风景优美，是著名的旅游胜地。而太平洋东部的复活节岛，以拥有神秘的雕像而闻名世界。

环太平洋火山、地震带

太平洋区域内火山密布，且多为活火山。在太平洋海盆中高出海底1000米以上的火山有一万多座，并且分布得非常有规律：一个挨着一个，像一条长长的带子，绕在环太平洋的周边地带。

全世界主要有三个地震多发地带，环太平洋地震带、欧亚地震带（地中海—喜马拉雅带）和海岭地震带。前两个地震带所发生的地震次数占全世界地震总次数的90%左右。在太平洋的西岸，北起日本，向南沿琉球群岛、台湾岛、菲律宾群岛、印度尼西亚和伊里安岛等形成一串岛弧；从日本向北，沿千岛群岛、堪察加半岛又形成一串岛弧。在这一串又一串的岛弧中，分布着许多火山，组成西太平洋上的一条“火山链”。在东太平洋，也有一条狭长的火山地带：从阿留申群岛、阿拉斯加，再沿着海岸继续南下，直至南美洲的最南端；从南美洲南端跨过海峡，到南极大陆一线也分布着许多火山。在太平洋的中部，包括夏威夷群岛在内，同样分布了许多火山。那么，为什么在太平洋四周沿岸有这么多的火山呢？这是因为，这里是大洋板块与大陆板块的交接地带，两个板块相互挤压，致使地壳厚薄变化悬殊；而特殊的地质构造使这里成为地下岩浆活动最频繁的地带，形成了以火山口为喷发口的地下岩浆通道，于是就形成了成串的火山群。

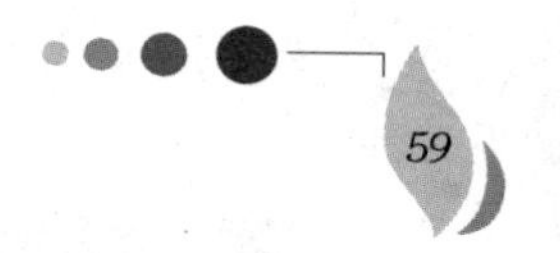

日本樱岛火山

樱岛火山位于日本鹿儿岛海湾东南，是至今仍有喷发记录的活火山。樱岛火山原为海底火山，自 300 年前便开始爆发，以后时喷时停。到 1914 年为止，它喷发的大量海底熔岩流使火山与陆地相连，而鹿儿岛海湾就是由几个火山口连通而形成的。樱岛火山爆发时非常壮观，吼声隆隆，山体颤动，黑烟滚滚，呈蘑菇云状上升，而后黑烟弥漫，笼罩了山顶上的两个火山口，接着出现的便是固体喷发物。这些物质喷涌而出，散落在火山四周。鹿儿岛火山至今仍频繁爆发，沿山坡带堆积了大量的火山灰、砂和碎屑，一旦暴雨来临，很可能就会有泥石流发生。

火山喷发喷出的固体喷发物主要由火山灰、火山砂、火山渣组成。

太平洋山脉

与大西洋、印度洋不同，太平洋的山脉不在海洋中间，而是在东部边缘的位置上。太平洋山脉高出周围海底 2000～3000 米，山体

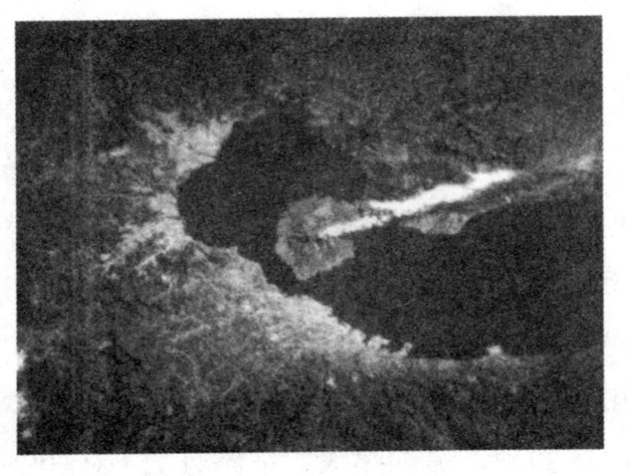

长达1.5万千米，宽达数千千米，规模庞大，是许多山岭汇集起来的一大片海底高原。太平洋山脉的深谷也在开裂扩张，整个山岭被切断、错开，水平移动约一两千千米。

在陆地上，风遇到山脉会产生迎着山坡上升的气流，把饱含水汽的暖空气带到山坡上，暖空气冷却后就会形成降雨。因此，迎风坡的雨水就特别多。同样，海流在运动中遇到山地时，也会沿着山地的斜坡产生上升流。上升流在上升的过程中，会把深海中含有丰富的氮、磷等养分的硝酸盐、磷酸盐带到阳光充足的海洋表层，为那里的浮游生物提供了丰富的养料。浮游生物又是鱼类的美食，因此，海底山地周围丰富的浮游生物引来了大量的鱼群，使那里成为优良的天然渔场。

海底山脉既有利于研究海洋的形成及变化，又对渔业发展有很大益处，海底山地的周围是优良的渔场。

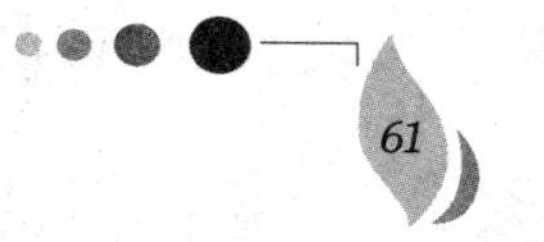

印度洋

印度洋位于亚洲、非洲、大洋洲和南极洲之间，整个水域都在东半球。因其位于亚洲印度半岛南面，故此得名。印度洋的大部分地区在热带，所以又被称为“热带海洋”。因其地理位置特殊，所以印度洋上的热带风暴频发，且常造成巨大灾难。

印度洋的形成

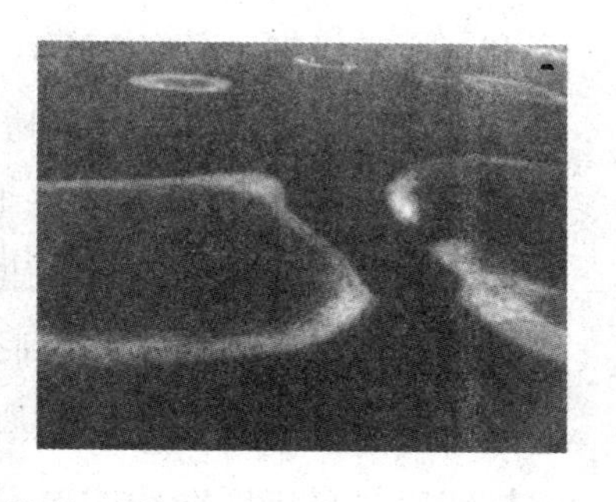

与太平洋一样，印度洋的形成也经历了一个非常漫长的过程。13 亿年前，北大西洋由一个很窄的内海开裂扩张而成，其东部与古地中海相通，西部与古太平洋相通。那时，南美洲与北美洲还是分开的。随后南方古陆开始分裂，南美洲与非洲大陆分离开来，之间的空地形成海洋，但此时与北大西洋尚未贯通，海水从南面进出，在非洲与南美洲之间形成了一个大海盆。那时，南方古陆的东半部也开始破碎分离，非洲同澳大利亚、印度、南极洲分开，它们之间便出现了最原始的印度洋。

印度洋岛屿

印度洋上也有许多岛屿，其中大部分为大陆岛，比如马达加斯加岛、斯里兰卡岛、安达曼群岛、尼科巴群岛，以及明达威群岛等，其中马达加斯加岛在世界岛屿中排名第四。印度洋主体位于北纬 15°与南纬 40°之间，大部分海域处在热带和亚热带，水温与气温都比较高。印度洋南部的洋流比较稳定，北部海流受季风影响形成季风暖流，且冬夏流向相反：冬季逆时针流动，夏季顺时针流动。在它们的共同作用下，这里形成了世界上最大的季风区，即中南半岛和印度半岛季风区。

印度洋山脉

印度洋底部横亘着一条呈“人”字形的山脉，它高出洋底 4000 米。这条山脉北起阿拉伯海，向南分为两支，东面一支山脉绕过澳大利亚、南极洲之间的海底，与太平洋山脉相连；西南一支绕过非洲与大西洋山脉连在一起。这条山脉在印度洋中央山脉中规模最大，其主体由许多条山脊与峡谷组成，是一条巨大的破碎山脉构造带。然而，整个山脉又被拦腰切断，山体水平位移，有时可达 1000 千米，这使得印度洋海底山脉非常崎岖复杂。

印度洋山脉中央也在开裂，使印度洋底向东西两面扩张移动，这样印度洋每年增宽约四厘米。往东南方向移动的支脉扩张速度较快，澳洲大陆在它的挤压下，已逐渐向美洲大陆方向移动。

大西洋

大西洋位于南美洲、北美洲、欧洲、非洲和南极洲之间，面积仅次于太平洋，在世界大洋中排名第二。在希腊神话中，擎天巨神阿特拉斯住在极远的西方，所以当人们看到无边无涯的大西洋时，便认为大洋的尽头是阿特拉斯栖身的地方，故称其为“阿特拉斯之海”，我们把它译为“大西洋”。

大西洋的形成

大西洋一直处于不断开裂、扩张、加深的过程中，在9000万年前，大西洋便已形成了：最初只是表层海水的南北交流，底部仍有

大西洋海底构造图。

一片高地阻隔着，北部大西洋同地中海相通，南部大西洋与太平洋相通，一直到7000万年前，大西洋南北才完全贯通。此时，大西洋已扩张到几千千米宽，水深大西洋海底构造图。达到5000米，大西洋也基本形成。

大西洋海岭

大西洋中分布着许多岛屿，且不同海域的岛屿各不相同：北部以大陆岛为主，多位于北极圈附近，其中格陵兰岛是世界第一大岛；中部主要由西印度群岛组成，位于热带和亚热带海域，其中遍布着许多珊瑚礁；南部岛屿较少，主要有马尔维纳斯群岛等。

在大西洋中部海底，横亘着一条巨大的海底山岭，它北起冰岛，南至布韦岛，全长一万五千多千米，是世界上最壮观的大洋中脊。这一大海岭一般距水面三千米左右，有些部分则已浮出水面，形成一系列岛屿。整条海岭呈“S”形蜿蜒，把大西洋分隔为与海岭平行伸展的东、西两个深水海盆：东海盆较浅，一般深度不会超过6000米；西海盆较深，且分布着很多深海沟。

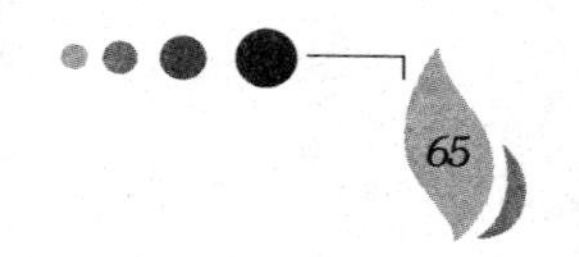

北冰洋

位于北极圈内的北冰洋，其名称源于希腊语，意为“正对大熊星座的海洋”。早在1650年，荷兰探险家巴伦支就率领探险队进行了北极探险，他首先把这一冰天雪地的海域划为一个独立的大洋，并把它命名为大北洋。此后，当人们对这个海域有了较全面的认识时，才把它正式定名为北冰洋。

北冰洋的形成

北冰洋的形成与北半球劳亚古陆的破裂和解体存在很大联系。洋底的扩张运动大概开始于古生代晚期，而主要是在新生代实现的。以地球的北极为中心，通过亚欧板块和北美板块的洋底扩张运动，产生了北冰洋海盆。在北冰洋底所发现的“北冰洋中脊”，即为产生冰洋底地壳的中心线。

“泰坦尼克”号的沉没

“泰坦尼克”号曾是世界上最豪华的客轮。1912年4月15日，它在从英国南安普敦港驶往美国纽约的途中，与一座来自于北冰洋的巨大冰山相撞后沉没，共有1513人死亡。这是它的首航，也是它唯一的一次航行。此后，“泰坦尼克”号客轮就长眠于冰冷的北大西洋海底了。

电影《泰坦尼克号》中沉船的情景。

海洋生态

HAI YANG SHENGTAI

海洋生物资源分布

海洋生物资源十分丰富，但由于海洋自然环境的制约，人类对海洋生物资源分布规律的了解还不是特别完全。影响海洋生物分布的因素是多方面的，其中主要有气候、环境、阳光、海水温度、盐度、养分、压力、洋流、栖息地等。

垂直分布

整个海洋被海水填满，因此海洋环境比陆地环境更具有立体性，海洋生物的分布也要比陆生生物更具垂直分布的洋带性特点。

如果按照海水获得的阳光的多少来划分的话，海洋主要可分为三块水域：

一、透光层，或称为光合作用带，属于海洋的上层，这一区域主要为从洋面到200米深的水层。该水域的主要特点是阳光比较充足，由于水、陆、气三界直接接触，受大陆和大气的影响十分明显，这一范围内的水体变化、流动是最活跃的，和其他水层相比，大洋上层是生物生长最旺盛的地方。这里有单细胞藻类，还有从原生动物到鱼类、鲸类各种动物。海洋中的藻类需要足够的阳光进行光合作用，所以常常生活在近表面的水层中。这些植物不仅养活了大洋

上层的动物，还为大洋中层、半深海和深海层的动物提供了丰富的食物。而这一水域更是浮游生物的乐园，这一水层的浮游动物呈现鲜蓝色或是透明的。在透光层中生活着许多体形较大的鱼，如金枪鱼、旗鱼、箭鱼和鲨鱼，这些鱼的重量可达几十或几百公斤。它们的身体呈优美的流线型，肌肉发达，游泳速度很快。大洋上层除了鱼类之外，还有一些乌贼、虾、磷虾等无脊椎动物资源，其中以南极的磷虾最引人注目，其产量每年可达1亿吨以上。

二、微光层，从水下200米到大约1000米深度的区域，这里属于大洋中层，在这里很少有光渗透到水中。阳光经过透光层后，光谱的两端即红黄光和青紫光已被吸收殆尽，只有少量的蓝光到达这里。微光层中的浮游生物都披上了红色的“外衣”。这里有大红或橙红的介形类，红色的水母，深红色的虾等。微光层的鱼类也要比透光层的少，主要有灯笼鱼、银斧鱼、星光鱼、巨尾鱼等。这些鱼类绝大多数会发光。许多大洋中层动物都进行昼夜垂直洄游，如虾类和许多鱼类。白天，它们生活在中层，黄昏以后便游到进水面索饵，天亮前又返回中层。

三、无光区，大约为1000～4000米深的水层，日光照射不到这里，所以这一水域一团漆黑，水温终年保持在0℃～5℃。这一水域几乎不受气候环境的影响。深度大于4000米的水层为“深海”，深度超过6000米的海沟称为“深渊”。生活在大洋深处的鱼类主要有琵琶鱼、巨口鱼、奎鱼、宽咽鱼、长尾鳕、鼎足鱼、深海黑鲨等。大洋深处的黑暗环境使得这里的鱼类也“染成”了黑色。这些鱼类的眼睛多半已经退化，也有一些种类的眼睛特别发达，它们

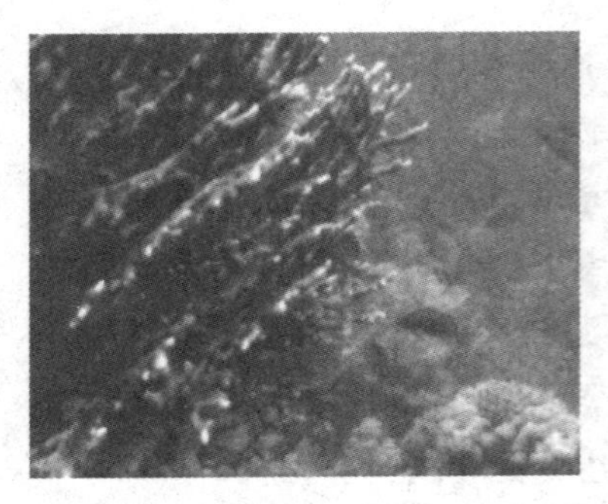

凭着微弱的生物光来辨别环境。深海的生物光现象并没有微光层中的动物那样普遍。生活在无光区的动物没有垂直洄游的习性，所以它们经常过着饥寒交迫的生活。偶尔碰到一只动物，不管其体积多大，它们会毫不犹豫地吞下去，饱餐一顿。这使得深海鱼类的嘴巴越来越大，最典型的例子就是柔鱼。

纬度分布

由于太阳光因素的影响，海洋表面的海水温度和盐度是随纬度变化而变化的，从低纬度到高纬度，依次大致可分为暖水性海洋生物带、温水性海洋生物带和冷水性海洋生物带。这样的分布在两个洋带之间的分界线并不十分明显，其间会有一个过渡带。

一般来说，暖水性海洋生物种类繁多，但优势种不明显。暖水物种的生长、生殖适宜温度高于20℃，自然分布区的月平均水温高于15℃，包括热带种和亚热带种两类，前者适温高于25℃，后者为20℃～25℃；温水性海洋生物种类较少，但由于中纬度沿岸海区海水营养较丰富，因而产量高。温水物种的生长、生殖适温为5℃～20℃，自然分布区的月平均水温为0℃～25℃，包括冷温种和暖温种两类，前者适温为5℃～12℃，后者为12℃～20℃；冷水性海洋生物种类和数量也很可观。冷水种的生长、生殖适温一般低于5℃，自然分布区的月平均水温不高于10℃，包括寒带种和亚寒带种两类，前者适温为0℃左右，后者为0℃～5℃。

值得注意的是，海洋哺乳动物分布很广，但以南、北两极尤多，这可能是由于南、北两极恶劣的大陆自然环境迫使哺乳动物重返海洋，以获取食物和御寒。大型哺乳动物多分布在两极边缘地区，一方面由于海洋丰富的鱼类提供了充足的食物，另一方面因为体形大而更有利于抵御寒冷。在中高纬度的一些海洋鱼类，也有类似陆生动物迁徙那样的随季节洄游现象，冬季游向低纬度，夏季游向高纬度，这与觅食和适应水温有关。一些海鸟在追随鱼群洄游的过程中，也形成了迁徙现象。

洋流分布

世界海洋的洋流在低纬度和高纬度分别形成了低纬环流和高纬环流。在南大洋则形成了绕极环流。在洋流经过的海区和两侧，往往有较丰富的海洋生物分布，这样就形成了沿洋流的环状洋带性。通常，生活在暖流区的海洋生物属于暖水性海洋生物，或温水性海洋生物；生活于寒流区的海洋生物则属于冷水性或温水性海洋生物。生活于寒暖流交汇处的海洋生物最为丰富，既有冷水性海洋生物，又有暖水性海洋生物和温水性海洋生物。因此，寒暖流交汇处一般都会成为较大的渔场。另外，上升流区亦是海洋生物丰富的洋区，形成独特的上升流生态系统。

分布特征

每种海洋生物在分布区内都有它的分布中心。一般来说，物种的个体数量最多的地方可以认为是它的分布中心，反映出这种生态环境最适宜该种生物的生存。现存种的分布中心，不一定是它的起源处，在漫长的地质演变中可能发生多次变迁。某些活动性较强的海洋动物，由于产卵、索饵、越冬等需要，会进行非周期性的迁移和周期性的移动洄游，这样便会改变其原有分布区的面貌。

海洋生物分布区的扩大，常与人类活动有关。如中华绒螯蟹在20世纪30年代，被法国商船从青岛带至西北欧，现在它已成为西北欧沿海海域的优势种群。海带过去只分布在日本海，经引进养殖，现已在中国海域定居。

在自然情况下，海洋生物种群繁殖个体数量过大时，就要向分布区外迁移、扩散，扩大其分布范围。但在迁移过程中常会遇到各种障碍。对于大陆架浅水区底栖生物来说，广阔的深洋是一种巨大的阻碍，虽然不少底栖生物有浮游幼虫阶段，但浮游期一般不长，在未越过阻碍之前就夭折了；对于深海底栖动物来说，大洋中的海脊则是重大的障碍，如著名的威维尔—汤姆森海脊是大西洋和挪威海深海动物之间的一个阻碍，两海区内只有12%的动物是相同的；对海洋游泳生物和海洋浮游生物来说，地峡是个不可逾越的障碍，如美洲太平洋和大西洋热带动物区系被巴拿马地峡所隔开，只有少数种是两个区系所共有的；陆地也是海洋生物扩大分布区的阻碍。

也有些动物适应环境的能力比较强，它们的活动范围比较广。例如，生活在大洋区的金枪鱼，到了生殖季节要到近海来产卵；在大洋里成长的鱼要到内陆河流里去养育后代；而在江河湖泊里土生土长的鳗鲡，却要到大海里去繁殖后代。这些动物不仅奔波在近海与大洋之间，而且冲破了海水与淡水的天然屏障。

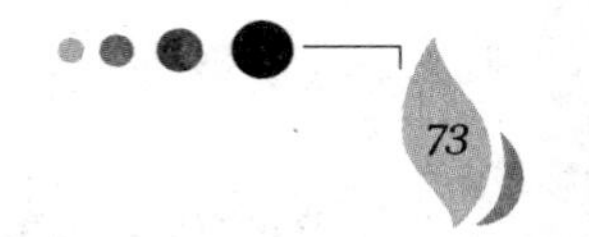

海洋生态环境

生态系统中的各因素都处在一个相对平衡的状态。在长期的进化过程中，各因素之间建立了一种相互协调、相互制约、相互补偿的关系，使整个自然界保持一定限度的稳定状态。其中海洋生态系统起着重要的作用，影响着人们的生产、生活。

海洋中的食物链

海洋生物群落中，从植物、细菌或有机物开始，经植食性动物到各级肉食性动物，依次形成摄食者的营养关系，这种营养关系被称为食物链，亦称为“营养链”。食物网是食物链的扩大化与复杂化。物质和能量经过海洋食物链和食物网的各个环节所进行的转换与流动，是海洋生态系统中物质循环和能量流动的一个基本过程。海洋食物链错综复杂，但正是由于它的存在，海洋生态系统才会有条不紊地运转着。

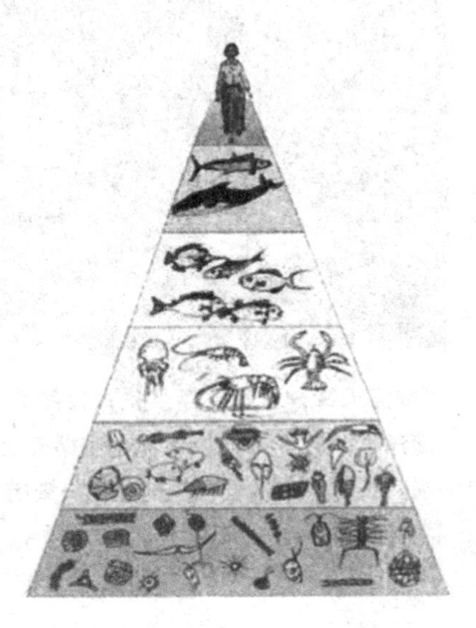

在表示食物链的金字塔中，数量庞大的海洋浮游生物构成了金字塔坚固的底座。而人类成为了金字塔的“统治者”。

食物链的结构有些像金字塔，底座很大，每往上一级就缩小很多：第一级是由数量惊人的海洋浮

游植物构成的，是食物链金字塔的最基础部分，通过光合作用生产出碳水化合物和氧气，是海洋生物生存的物质基础；食物链的第二级是海洋浮游动物，它们以海洋浮游植物为食；第三级是摄食浮游动物的海洋动物；第四级则是海洋中的食肉类动物，如金枪鱼、鲨鱼等，它们处在金字塔的最高层，是海洋中的霸主。

“物竞天择，适者生存”是大自然的法则。海洋中的各类植物和动物也遵循着这个法则，在海洋中世世代代地生存与繁衍。

海洋植物

海洋植物与陆地植物并不一样，大部分海洋植物没有根、茎、叶。许多海洋植物只有在高倍显微镜下才能看得到。海洋绿色植物的生命过程为从海水中吸收养料，在太阳光的照射下，通过光合作用，合成有机物质（糖、淀粉等），供给自己营养。

海　草

海草是只适应海洋环境生活的维管束植物，属于沼生目，大部分海草叶片均为带状，形态相似，在热带、温带近岸海域均有分布。一般来说，海草基本上生活在浅海中或大洋的表层，大部分的海草只能生活在海边及水深几十米以内的海底。然而，不同海草其分布深度也不尽相同。如海南岛沿海常见的海菖蒲是一种多年生的草本植物，是海草中唯一仍保持空气授粉的种类，它只分布在水深一米之内的海域。而泰莱草与二药草是以水为媒介授粉的，一般在水深两米以内分布。

海草作为南海沿岸重要的生态系统之一，是海洋高生产力的象征。

海草生长在海洋边缘部分一个相

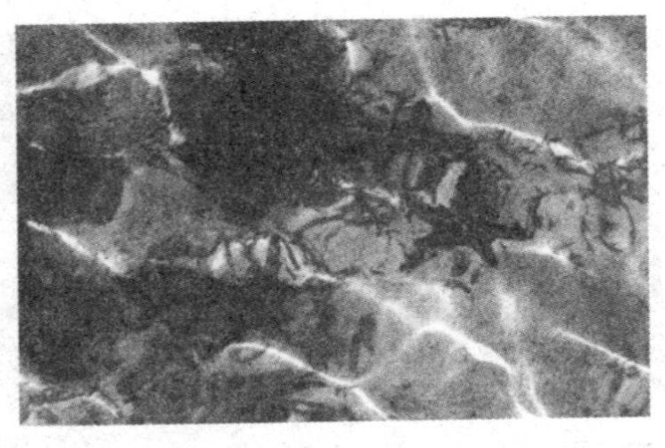

当狭窄的地带，海草场是热带水域重要的潮下带生产者，成为许多经济鱼类和无脊椎动物的天然渔礁。海草常在沿海潮下带形成广大的海草场，海草场是高生产力区。目前全世界海域共有 12 属 49 种海草，我国共有 9 属。参与调查的海南省海洋开发规划设计研究院负责人、海洋学博士王道儒这样评价海草：海草与红树林、珊瑚礁一样，是巨大的海洋生物基因库，具有重要的生态价值。

海草是一类有根的开花植物，其根系非常发达，这有利于抵御风浪对近岸底质的侵蚀，对海洋底栖生物具有保护作用。同时，通过光合作用，它能吸收二氧化碳，释放氧气溶于水中，对海水溶解氧起到补充作用，从而改善渔业环境。更重要的是，它能为鱼、虾、蟹等海洋生物提供良好的栖息地和蔽护场所，海草床中生活着丰富的浮游生物，个别种类的海草还是濒危保护动物的食物，如儒艮。

纤弱的海草，靠着厚重的根基，竟能与狂风暴雨抗衡。纵然被海浪冲击得前后摇摆，却始终不会被折断。在探寻其神秘的同时，我们不能不为这种弱小群体物种的坚韧而感慨。

地球上的植物起源于海洋，但海草是“二次下海”，它在植物的进化过程中，地位就如同鲸、海豚等动物一样重要。我国沿海水域都有海草分布，温带型、亚热带型、热带型海草，是浅海水域初级生产力的重要供给者。有的海草的生产力比红树林的生产力还高。

红　树

红树是一种生长在热带、亚热带海岸滩涂的树种，它包括红心红树、黑心红树和白心红树三种树。红树是植物中少数能在海水中生长的植物之一。它的叶子上长有盐分泌细胞，这层细胞在油脂下会分泌一种含盐量 7% 的溶液，使红树从海水中不断提取淡水，保持其正常生长。

红树的繁殖方式很特殊。当成熟的红树结出种子后，会附着在树上发芽，长出有根端的附属物。当这一根系达到数十厘米时，便会自动脱落插入到泥土中，随即在河口滩涂生根长叶，生长成新的红树。有的下落的树根胚胎会被潮汐带走，漂浮在海面上，直到落

地生根为止。红树的籽苗可以漂到很远的地方，甚至能依靠赤道洋流，横渡大西洋，遇到陆地后仍能生根成树。

海 藻

海藻在结构上是简单的单细胞或多细胞生命体。海藻是海洋植物中的一个大家族，共有八千多种。海藻的种类繁多：小的用显微镜才能看得见，大的则可长到几百米，重达几百千克。人们根据海藻所含的不同色素，把它们分为褐藻、红藻、绿藻等。

褐藻大部分生长在海洋环境里，它们含有特殊的促进光合作用的黄色和深红色色素。褐藻的特点是体型巨大。主要有巨藻、海带、裙带菜、墨角藻、囊叶藻、马尾藻等。它们中有许多品种可以食用，还有许多品种可以提取化工原料。

红藻大多是由复杂的细胞组成，大部分生长在海洋环境中，其内部含有特殊的蓝色或红色色素。红藻的品种繁多，藻体多呈紫色或紫红色，有丝状、片状和分枝状等，主要品种有紫菜、石花菜、鸡毛藻、红毛藻、海索面、海头红、多管藻、鹧鸪菜等，红藻的许多品种具有食用价值或药用价值。有的红藻还被用来生产维生素和化肥的原料。

绿藻是单细胞植物，或者是聚合成细胞群。绿藻与大部分植物类似，含有叶绿素，而且它们把食物以淀粉的形式储存起来。绿藻种类也比较繁多，但海生绿藻只有六百种左右，最常见的是石莼、礁膜、浒苔、羽藻、蕨菜、刺海松、伞藻等。其中，石莼、礁膜和浒苔是著名的海生蔬菜。

海洋动物

在上百万年的海洋生活中，海洋动物为适应环境，形成了一些特点，从而能够生存下来，并且不断地繁衍。这些特点包括：适应水中生活的，有能推动前进的尾巴和鳍；缓慢的新陈代谢，减少耗氧量；抵御低温的脂肪等。形状各异的海洋动物装扮了沉寂的海洋。

在海洋中生活着种类繁多的海洋动物，许多海洋动物都非常独特，与它们在陆地上生活的远亲有很大的不同。有些海洋动物很奇怪，没有腿，或者没有眼睛、耳朵。有些海洋动物看起来很像植物，紧紧地贴在海底或是岩石上，从周围的水中吸吮氧气和食物。但是所有的海洋动物都有共同的特点，即它们无法自己生产食物，只能从周围的环境中获取食物。

海洋动物另一个显著的特点是结构一般较简单原始，这是由于海洋环境相对稳定造成的，在这种环境中，动物的身体结构发展一般比较缓慢，从而保持了较古老的特征，也保留下许多种类的古老类型。与三叶虫同时代的鲎的后代，就是肢口纲剑尾目中唯一生存至今的古老物种。此外，还有具有“活化石”之称的舌形贝，人们常称它们为海豆芽；也可看到另一种腕足类动物似的穿孔贝。

软体动物也有很多古老的类型，如新蝶贝，从形态上看不出它们和其祖先有多少差别，另外还有鹦鹉螺等。脊椎动物中最有名的大概要数矛尾鱼了，也即大名鼎鼎的拉迈蒂鱼，它的形态让人们回想到了泥盆纪时代。海洋中的一些爬行动物也是较古老的类型，如海龟和海蛇等。诸如水母、有孔虫、放射虫、珊瑚等古老类型的动物更是不计其数。

海洋中的鱼类

在茫茫的海洋中，生活着众多自由自在的鱼类，鱼类是“游泳健将”，它们游动时那轻松自如、婀娜多姿的身影总是让人羡慕不已……

什么是鱼类

鱼是一种生活在水中的脊椎动物。鱼类的家族成员多种多样：有的鱼长有像鸟儿一样的翅膀，可以飞到水面上空，滑翔数百米；有的鱼身体会发出强大的电流，能致人于死地；有的鱼生长着灿烂的七色花纹；有的鱼能够发光，能在黑暗中为自己照明……庞大的鱼类家族在生物学上可分为 3 个纲：圆口纲、软骨鱼纲和硬骨鱼纲。

圆口纲是最早的脊椎动物，是最原始的鱼类，没有上下颌，又称无颌类，也没有成对的附肢。现存种类不多，分 2 目、3 科、六十余种，如日本七鳃鳗和蒲氏粘盲鳗等。

所谓软骨鱼是指骨骼组织为软骨的鱼类，如鲨鱼、鳐鱼。而硬骨鱼是指骨骼已骨化了的鱼类，海洋鱼类多数都是硬骨鱼。软骨鱼纲是一种内骨骼全为软骨的鱼类，其软骨常以钙化加固，无任何真骨组织，具有上下颌，头侧有鳃裂 5 ~ 7 个。世界上软

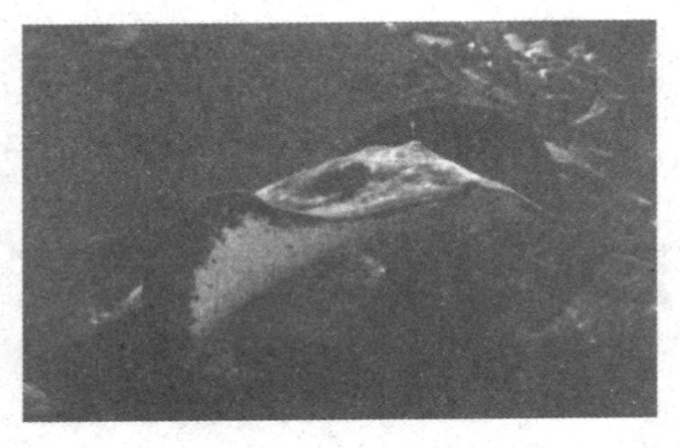

骨鱼类有六百五十余种，其代表品种有鲨鱼、鳐鱼等。

硬骨鱼纲是鱼类中最高级的，也是现存最繁盛的一个种群。这种鱼的内骨骼出现骨化，体表被有硬鳞或骨鳞，或裸露无鳞。硬骨鱼有一对外鳃，有些鱼还有背肋和腹肋。现知全世界硬骨鱼有一万八千余种。

鱼类的骨骼按性质可分为软骨和硬骨两类。

按部位不同，鱼类的骨骼可分为中轴骨骼和附肢骨骼两部分。硬骨鱼的头骨大约由 130 块骨片组成，是脊椎动物中脑骨数目最多的一类动物。鱼类的头骨分为脑颅和咽颅两部分。鱼类的脊椎骨具有前后两面都向内凹陷的特点，称为两凹椎体或双凹椎体，为鱼类特有，在相邻的两个椎体间隙及贯穿椎体中的小管内可见残存的脊索。脊椎动物从鱼类开始，脊椎的基本结构就已形成。软骨鱼和硬骨鱼的脊椎骨都分为椎体、髓弓、髓棘、脉弓和脉棘。其中椎体为主要部分，肋骨与脊椎骨的横突相连，硬骨鱼类的肋骨大都较发达。鱼类的附肢骨可分为奇鳍骨骼和偶鳍骨骼。鱼类中除硬骨鱼的肩带与头骨相连以外，所有的附肢骨与脊柱均没有直接联系，这也是鱼类的特征之一。

鱼鳔是多数硬骨鱼消化管背面的一个囊状结构，其功能是调节鱼体的比重，从而可以让鱼儿在水中上浮或下沉。从胚胎发育上看，鱼鳔是由消化管前部突出而形成的，和陆生脊椎动物的肺是同源结构。鱼鳔与消化管间以短管相连，即鳔管。有些鱼类的鳔管终生保留，称通鳔类（或称开鳔类），如鲤形目、鲱形目等；有些鱼类的鳔管消失，鱼鳔与消化管不再相通，称闭鳔类，如鲈形目等。鱼鳔通过其体积的改变来调节鱼体比重，使鱼体和水环境的比重接近。当鱼向上游动时，所受的水压减小，鱼鳔内气体增加，鱼体相应地膨胀，使身体比重减小，鱼上浮；反之，当鱼向下游动时，所受的水压加大，鱼鳔排出部分气体，体积减小，鱼体比重加大，鱼下沉。这样，鱼靠鱼鳔的调节，身体能在水中任何深度保持平衡。通常鱼鳔内气体的调节主要是通过鳔管，直接由口吞入或排出气体，也可由血管排出或吸收部分气体。闭鳔类鱼鳔内气体的调节是依靠红腺和卵圆窗。红腺的腺上皮细胞能将血液中的氧解离出来，进入鱼鳔内。鱼鳔内气体的重新吸收是靠鱼鳔后部背方的卵圆窗。卵圆窗呈囊状，入口处由括约肌控制；当需要回收气体时，窗孔张开，鱼鳔内气体由卵圆窗渗入到邻近的血管里。

鱼尾是鱼身体不可或缺的重要构成部分，它的主要作用是：使鱼体保持平衡，在前进时可起舵的作用，为鱼的前进提供动力支持。

鳃是鱼类重要的呼吸器官，主要承担气体交换任务。此外，鳃还具有排泄代谢废物和参与渗透压调节的重要功能。鱼鳃在咽腔两侧，对称排列，形状略似梳子。板鳃鱼类一般有 5 对鳃裂，少数 6 对或 7 对。硬骨鱼类多为 5 对，相邻两鳃裂中间的间隔叫做鳃间隔，它的前后壁上分出许多细条状的鳃丝。所有这些鳃丝合在一起组成一个半鳃，通称鳃瓣。每一个鳃间隔上的前后两个半鳃组成一个全鳃，每一条鳃丝两侧也同样有许多细板条状的突起，彼此平行垂直于鳃丝，这一构造叫鳃小片。鳃小片是气体交换的地方，其壁甚薄，因而活鱼的鳃总是鲜红的。相邻鳃丝间的鳃小片，相互嵌合，呈犬牙交错状排列，即一个鳃小片嵌入相邻鳃丝的两个鳃小片之间。这种排列方式再加上水流与血流方向的对流配置，可以使鱼鳃吸收、溶解氧的能力大力提高。

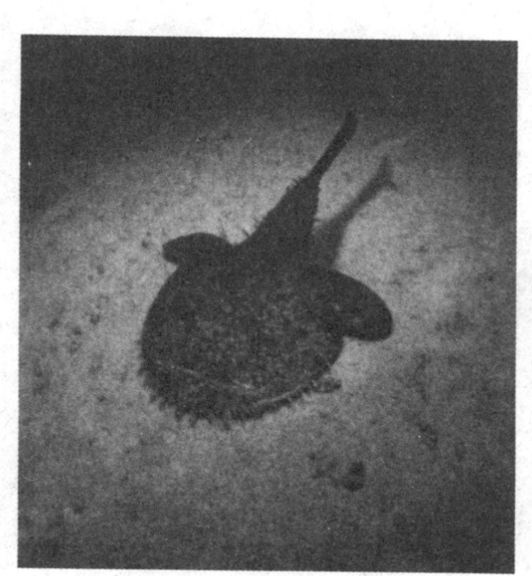

鱼类生殖系统由生殖腺和生殖导管组成。生殖腺包括精巢和卵巢，生殖导管由

输精管和输卵管组成，生殖导管的出现较圆口纲又进化了一步。大多数鱼类是雌雄异体，卵生并多为体外受精，雌鱼的生殖腺为卵巢，平时呈扁平的带状，呈现出青、灰、黄、粉红等色泽，到生殖季节发育长大后可占体腔的大部分。雄鱼的生殖腺一般为白色线形的睾丸，在生殖季节增大后叫鱼白，是产生精子的场所。软骨鱼和低等硬骨鱼的生殖腺裸露。高等的硬骨鱼的生殖腺呈封闭状态，由腹膜分化成的束状膜包裹着，形成囊状卵巢或囊状睾丸。另外，还有少数鱼类为雌雄同体，能自体受精。黄鳝可产生性逆转，即生殖腺从胚胎到成体都是卵巢，只能产生卵子，发育到成体产卵后的卵巢逐渐转化为精巢，产生精子，从而变成雄性。

鱼类受精方式和发育方式有以下四种：一、体外受精，体外发育。二、体外受精，体内发育，如鲇科的雄体在生殖期间进行停食，把受精卵吞入胃中孵化。三、体内受精，体外发育。卵未产出前，雄鱼通过特殊的交接器官，如鳍脚、短管等，使精液流入雌鱼生殖孔内，卵在体内受精，卵成熟后，再排出体外发育。四、体内受精，体内发育。

水中蝴蝶

蝴蝶鱼一般生活在五光十色的珊瑚礁礁盘中，它们具有一系列适应环境的本领，其艳丽的体色可随周围环境的改变而改变。蝴蝶鱼的体表有大量色素细胞，在神经系统的控制下，可以展开或收缩，从而使体表呈现出不同的色彩。通常一尾蝴蝶鱼改变一次体色只需几分钟，而有的仅需几秒种。

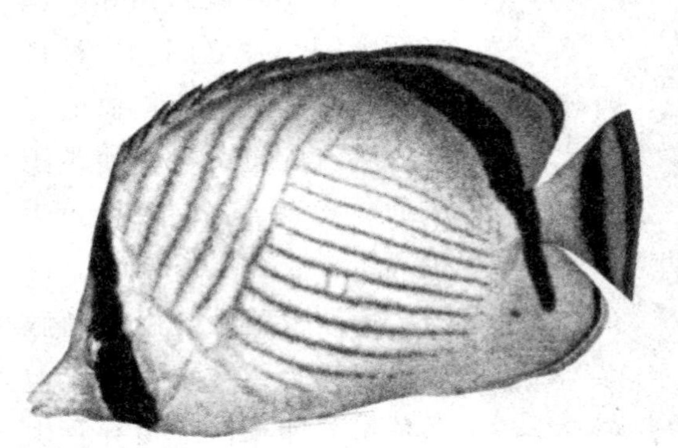

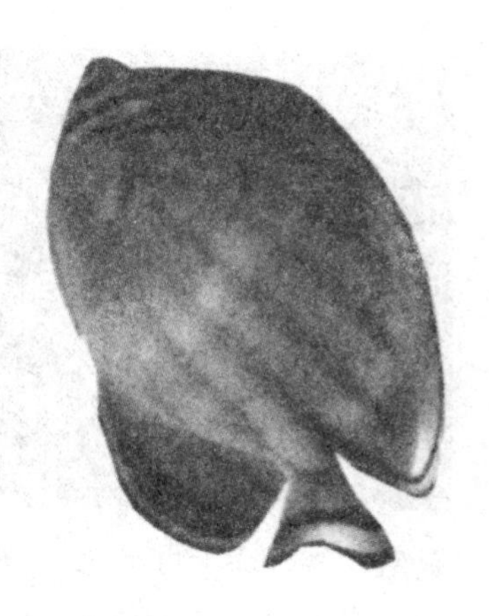

许多蝴蝶鱼有极其巧妙的伪装，它们常把自己真正的眼睛隐藏在穿过头部的黑色条纹之中，而在尾柄处或背鳍后留有一个非常醒目的“伪眼”，当敌害向其“伪眼”袭击时，蝴蝶鱼就会剑鳍疾摆，然后逃之夭夭。蝴蝶鱼对“爱情”忠贞专一，大部分都成双成对，好似陆生鸳鸯，它们成双成对在珊瑚礁中游弋、戏耍，总是形影不离。当一尾进行摄食时，另一尾就在其周围警戒。

蝴蝶鱼共有一百五十多种，包括：四眼蝴蝶鱼、斑鳍蝴蝶鱼、马夫鱼等。蝴蝶鱼属蝶鱼科。主要分布于太平洋、东非至日本等海域。它的外形就与陆地上的蝴蝶一样，有着五彩缤纷的图案，大部分分布在热带地区的珊瑚礁。蝴蝶鱼用尖尖的嘴啄食附在珊瑚或岩石上的小动物，蝴蝶鱼由于体色艳丽，深受观赏鱼爱好者的青睐。

海洋中的小神仙——神仙鱼

神仙鱼，又名燕鱼、天使、小神仙鱼、小鳍帆鱼等，从侧面观察神仙鱼游动，如同燕子翱翔，故神仙鱼又称燕鱼。原产自南美洲的圭亚那、巴西。神仙鱼长12～15，高可达15～20厘米，其头部小而尖，体侧扁，呈菱形。神仙鱼的背鳍和臀鳍都很长，挺拔如三角帆，故有小鳍帆鱼之称。

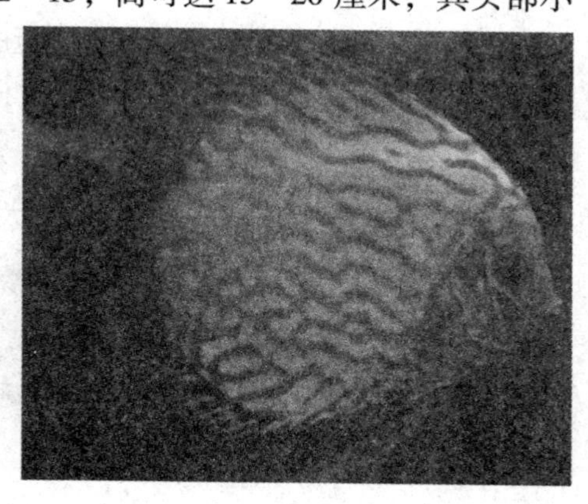

神仙鱼体态高雅、游姿优美，虽然它没有艳丽的色彩，但是，受水族爱好者欢迎的程度是任何一种热带鱼都无法比拟的，神仙鱼几乎

成了热带鱼的代名词，只要一提起热带鱼，人们往往第一联想就是这种在水草丛中悠然穿梭，美丽得清尘脱俗的鱼类。

神仙鱼的性格十分温和，对水质也没有什么特殊要求，经过多年的人工改良和杂交繁殖，神仙鱼有了许多新的种类，根据鱼体的斑纹、色彩变化可分成好多种类，在我国比较常见的有：白神仙鱼、黑神仙鱼、灰神仙鱼、云石神仙鱼、半黑神仙鱼、鸳鸯神仙鱼、三色神仙鱼、金头神仙鱼、玻璃神仙鱼、钻石神仙鱼、熊猫神仙鱼、红眼神仙鱼等。

会发光的鱼

在南美洲的圭亚那和亚马孙河流域生活着一种身体会发光的鱼，名叫尾灯鱼，又名灯笼鱼、提灯鱼、车灯鱼等。灯笼鱼的体长一般为4～5厘米。体长而侧扁。两眼上部和尾部各有一块金黄色斑，在灯光照射下，呈现出金黄色和红色。灯笼鱼在游动的过程中，由于光线的关系，头部和尾部的色斑亮点时隐时现，宛若密林深处的荧火虫，闪闪发光。

在漆黑的海洋深处，时常出现游动的点点“灯火”，给宁静的海底世界带来了生命的气息。灯笼鱼的长腹两侧的下方排列着许多发光器，是由一群皮肤腺细胞特化而成为发光细胞的。这种细胞能分泌出一种含有磷的腺液，它在腺细胞内可以被血液中的氧气所氧化，而氧化反映中放出的一种荧光，就是灯笼鱼所发出的光。

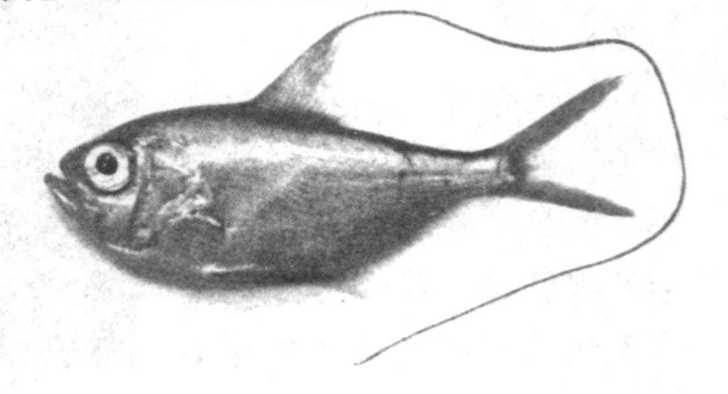

全世界约有灯笼鱼上百

种，它们一般都生活在深海。它的发光是对黑暗深海环境的一种生存适应。在黑暗的深海里，它们发出的光可用来诱捕食饵，诱惑敌人，引诱异性，以利于集群生活。

世界鱼类中有二百多种鱼具有发光的本领，例如深海中的长尾鳕、龙头鱼体表的黏液含发光物质，全身光环闪烁，犹如龙灯挥舞；金眼鲷的眼下发光，好似提灯的游客；还有一种天竺鲷，其肛门附近发光，酷似亮着尾灯的轿车……

海上魔——蝠鲼

蝠鲼是一种生活在热带和亚热带海域的底层的软骨鱼类。它的头部宽大而扁平，口大如盆，身体左右长成翅膀状，体躯呈菱形，外形十分奇特。蝠鲼主要以浮游生物和小鱼为食。

蝠鲼被当地人称为“水下魔鬼”，是因为它时常把肉角挂在小船的锚链上，把小铁锚拔起来，让人不知所措；又或是它用头鳍把自己挂在小船的锚链上，拖着小船飞快地在海上跑来跑去，使渔民误以为这是“魔鬼”在作怪。由于它的肌力大，所以连最凶猛的鲨鱼也不敢袭击它。但实际上蝠鲼是一种非常温和的动物。它们主要以浮游生物和小鱼为食，经常在珊瑚礁附近巡游觅食。它缓慢地扇动着大翼在海中悠闲游动，并用前鳍和肉角把浮游生物和其他微小的生物拨进它宽大的嘴里。

会飞的鱼

飞鱼的外形又细又长，而且呈扁状，它之所以能够飞翔，主要归功于它发达的胸鳍。

飞鱼主要以海中微小的浮游生物为食，繁殖期在每年的四五月份。飞鱼卵质地轻小，表面的膜有丝状突起，适于挂在海藻上。飞鱼的长相奇特，胸鳍发达，像鸟类的翅膀一样。长长的胸鳍一直延

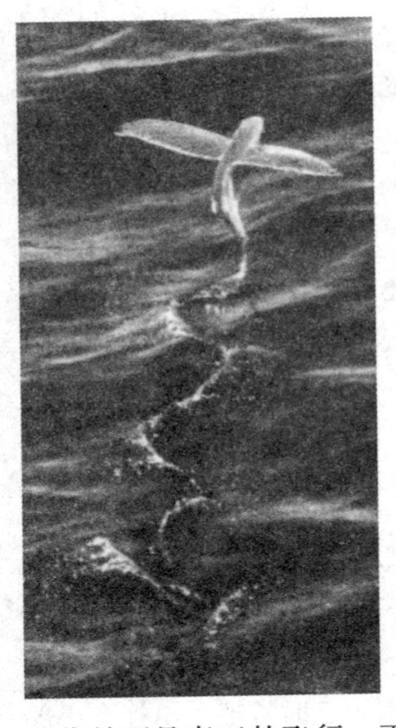

伸到尾部，整个身体如织布的长梭，在海面跃起时，展现出一种轻盈的姿态。飞鱼的体态优美，在海中可高速运动，速度可达100米/秒。其背部呈蓝色，与海水颜色相近，当它在海水表面活动时，颇似一架掠浪而过的小飞机。

飞鱼能够练就神奇的飞翔本领是有原因的。原来，飞鱼的视力很差，所以在大海中觅食艰难，为求得生存，飞鱼要适应这种残酷的环境，于是练就了飞翔的本领。它只能飞起来，以水面的昆虫为食。同时，又使自己避开了大鱼的追逐，免遭天敌的攻击。

其实，从生物学的角度讲，飞鱼的动作并不是真正的飞行，而只是滑翔。每当它准备离开水面时，必须在水中快速游动，胸鳍紧贴身体两侧，像一只潜水艇稳稳上升。飞鱼用自己的尾部用力拍水，整个身体好像离弦的箭一样向空中射出，跃出水面后，展开又长又亮的胸鳍与腹鳍快速向前滑翔。尾鳍击水产生的浮力会把它送上天空，飞鱼会随着上升的气流在天空作短暂的“飞行”。可以说，尾鳍才是飞鱼“飞行”真正的“发动器”。飞鱼滑翔的一般高度为距离水面1.2米左右，时间上多可持续60秒。当风力适当的时候，飞鱼能在离水面4～5米的空中飞行200～400米。有人曾在大西洋测到飞鱼最好的飞翔记录：飞行时间90秒，飞行高度10.97米，飞行距离1109.5米。当飞鱼返回水中时，如果需要重新起飞，它就在全身尚未入水之时，再

飞鱼长相奇特，胸鳍特别发达，像鸟类的翅膀一样。长长的胸鳍一直延伸到尾部，整个身体像织布的“长梭”。

用尾部拍打海浪，以便增加滑翔力量，使其重新跃出水面，继续短暂的滑翔飞行。显而易见，飞鱼的“翅膀”其实并没有扇动，而只是靠尾部的推动力在空中作短暂的“飞行”。当飞鱼受到水下敌害的进攻时，它能以极快的速度飞离水面。如果没有这条尾鳍，飞鱼就再也不能腾空跃起，只能在海里度过黯淡的一生，或成为凶猛生物的腹中之物。

奇形怪状的鱼

鱼的种类繁多，样子也千奇百怪。比如，海马的头像马，尾巴却像猴；海龙像一节节绿色柔软的细竹；角箱也叫海牛，它的正面很像牛的脸；象鼻鱼的长颌就像大象的鼻子；而箭鱼游泳的速度快得就像深海里的火箭；扁平的比目鱼趴在沙子上，加上它斑驳的色彩，则形成了绝佳的天然伪装……

鱼类正是凭借它们奇形怪状的外貌和美丽丰富的色彩来保护自己的。

在蓝色的海洋里有一种最温柔的杀手——箱水母，它有着美丽飘逸的外表，却被认为是目前世界上已知的、对人类毒性最强的生物。被它蜇伤后30秒便可致人死亡。

石头鱼总是将自己伪装成一块不起眼的石头，以此逃过天敌的眼睛。但是如果有人不留意踩着了它，它就会毫不客气地立刻反击，它的脊背上那12～14根像针一样锐利的背刺会轻而易举地穿透鞋底刺入脚掌，并发射致命剧毒，使人很快中毒并一直处于剧烈的疼痛中，直至死亡。

箭鱼生活在深海中，身长有一米多。它长着细长的口鼻和尾鳍，游泳速度非常快。

海牛皮肤下的骨片接合成一个坚硬的外壳，把整个身体包围起来，就像一个漂浮的小木箱。因此人们又把“海牛”称为“角箱”。

通常一条体长10米的锯鳐，其吻突就达2米，且十分坚硬，两边还长着锐利无比的锯齿，好似一把利锯。当它与巨大的章鱼搏斗时，就会利用这把利锯先锯掉章鱼的触腕，然后可轻而易举地把章鱼锯成很多段，再一口一口地消灭掉。

翻车鱼的体形侧扁而近于圆形。翻车鱼懒惰成性，平时总是喜欢懒洋洋地漂在海面上晒太阳，人们又叫它“太阳鱼”。

刺河豚在遇到危险时，会迅速吞下大量的水，使身体膨胀两三倍，或立刻充气，把自己鼓得像个带刺的气球，以此来吓退敌人。

海洋资源

HAI YANG ZI YUAN

巨大的盐库

海水的味道又咸又苦，这是因为海水里含有大量的盐类物质。海水里的盐类种类很多，其中主要是氯化钠和氯化镁。氯化钠是咸的，而氯化镁则很苦，所以海水的味道又咸又苦。在组成海水的各种盐类中，氯化钠所占的比重最大，约占盐类总量的70%以上。

食　盐

无边的海洋是人类工业和生活用盐的主要产地，在含盐量中等的海域中，每1000千克海水里就含有35千克盐。以这样的比例推算，全球海洋中共含有至少5亿亿吨盐。世界上食盐有45%是用日光蒸发海水制取的。海盐对于人类的工业和生活来讲至关重要。

海水中的盐从哪里来

在最初的海水所含的盐是很少的，随着时间的推移，陆地上的火山喷发、沙尘暴，以及河流会将大量的钠、镁、钙、硫、碳、氯等元素带进海中，海底的中洋脊处也会输入相当数量的盐类元素。

当然，如果这些盐类元素不断的输入海洋，海水会变得越来越咸，当然海水的蒸发会影响还水的盐度，但这不会带走盐类元素。好在海洋中的生物会吸收许多的盐类物质，而化学吸附与沉淀作用也会将部分海水中的盐类转化为沉积物沉淀下来。从沉积物中所含的盐分浓度推测，海水中溶解的盐类维持在一个稳定的状态。海水中海洋生物生长所需的盐类称为营养盐，例如硝酸盐、矽酸盐、磷酸盐等。富含营养盐的海域常形成良好的渔场。

我国产盐量居世界首位

我国沿海 12 个省、市、自治区都有海盐生产。盐田已从 20 世纪 50 年代初的 1000 平方千米增加到 20 世纪 80 年代末的 3600 平方千米，主要分布在辽东半岛、渤海湾、胶州湾、莱州湾、湄州湾、雷州湾、北部湾等海湾内。这些海区，尤其是北方沿海，由于光照充足、蒸发旺盛、含盐量高，所以非常适于海盐的生产。其中，渤海湾内的长芦盐场是我国最大的盐场。

海水淡化

海水淡化到目前为止有近百种方法，但是，最主要的有四种方法：蒸馏法、电渗析法、反渗透法和冷冻法。这 4 种方法在技术和生产工艺上都比较成熟，经济效益也比较好，具有较好的实际生产意义。其中，蒸馏法、电渗析法和

反渗透法，已投入工业生产。蒸馏法中的多级闪蒸、多效竖管蒸馏法和蒸汽压缩法技术工艺均比较完善，是当前进行海水淡化的基本方法。

海水淡化的目的是用物理、化学等方法将含盐量较高的海水脱去大部分盐分，以满足人们对淡水的需要。海水中的平均含盐量为3.5%，即每升海水中含有各种盐的总量为35克，而人们饮用于500毫克。海水脱盐这种看似并不复杂的工艺在实际生产中，尤其是大批量生产中有许多棘手的难题需要攻克。因而，我们现在首先要做的就是节约用水。

丰富的油气资源

目前，中国在海洋油气田开发上已经积极投入并取得了较大的成果。今后这项工程我们仍要继续下去。第二次世界大战后，科学技术的飞速发展使人们有条件进行近海海底石油资源的开采。1947 年，美国最先开始尝试海上石油开采。1977 年，世界上已有 439 条钻探船进行油气资源的开采作业。

石油产区

世界海洋石油的绝大部分存在于大陆架及其临近地区。波斯湾大陆架石油产区较早地进行了大规模开采，现在这一区域已成为满足世界石油需求的主要地区。欧洲西北部的北海是仅次于波斯湾的第二大海洋石油产区。委内瑞拉的马拉开波湖是世界上第三大海洋石油产区。此外，美国与墨西哥之间的墨西哥湾，中国的近海（如渤海、黄海、东海和南海）也都蕴藏着丰富的石油资源。

世界上已探明的海上石油储量占地球石油总储量的 25.2%，天然气储量占 26.1%。

海上第一口油井

最早开发近海石油资源的是美国。

美国人于1897年采用木制钻井平台在浅海处打出了石油。1924年，在委内瑞拉的马拉开波湖和前苏联的里海沙滩上，先后竖立起了海上井架，开采石油。而效率更高、真正意义上的现代海上石油井架则是在20世纪40年代中期才正式被应用。1946年，美国人在墨西哥湾建立起第一座远离海岸的海上钻井平台，打出了世界上第一口真正意义上的海底油井。

中国的石油资源

我国海域现在已发现了三十多个大型沉积盆地，其中已经证实含油气的盆地有渤海海盆、北黄海海盆、南黄海盆地等，总面积达127万平方千米。临近我国的海域，42%含有石油和天然气。南海南沙群岛海域，估计石油资源储量可达350亿吨，天然气资源可达8万亿～10万亿立方米。有人预言，我国南沙海域有可能成为世界上第二个波斯湾。为了子孙后代的利益，为了我国的能源战略安全，我们必须重视对我国海洋利益的维护。

石油城

世界上已有上百个国家在海上建立了“石油城”，一座座钻井犹如擎天立柱般屹立在大海之上。

世界上主要油田有六百余口。在石油储量上，中东的波斯湾一马当先，其次是委内瑞拉的马拉开波湖，第三是欧洲的北海。波斯湾和马拉开波湖的海底石油储量约占世界石油储量的70%左右。在海底天然气储量方面，波斯湾居第一，北海居第二，墨西哥湾第三。

世界已探明的大型油气田有七十余个，其中特大型油气田有10个，大型油气田4个，6年产量超过1000万吨的有11个，其中以沙特阿拉伯、委内瑞拉和美国为主。离岸的石油井最远达500千米，最深井达到7613米，平台最深约三百米。世界的“石油城”仍在不断增加，石油和天然气的产量也在逐步增加。

石油应用

石油最初被用于汽车、飞机的燃料。20世纪50年代后，石油化工业正式大规模兴起，石油可加工成合成纤维、橡胶、塑料和氨等。

如今，有90%的运输能量是依靠石油获得的。石油运输方便、能量密度高，是最重要的运输驱动能源。

目前至少有五千多种石油化工原料，直接关系到人们衣食住行的方方面面，人们的生活已与石油化工产业密不可分了，石油化工产业在改善人类生活水平方面居功至伟。石油现已渗透到经济、军事、航天等几乎所有的部门，石油能源的安全已成为世界各国普遍关心的话题。世界各国将会不惜一切代价来保障本国的石油能源安全，以满足本国工业、农业和人民日常生活对石油的需求。

可 燃 冰

可燃冰并不神奇，它是由水和天然气组成的一种新型的矿藏，广泛分布于海底。这种天然气水合物的外表同冰非常相似，为白色固态结晶物质。从物质结构上看，它是一种非化学构成的笼形物质，它的分子结构像灯笼一样，具有极强的吸附气体的能力。当这种晶体吸附到一定程度的可燃气体时，它便可以作为能源利用了。可燃冰含有多种可燃物质，其中甲烷占多数，约为90%，其余的是乙烷、乙炔等。可燃气体分子处于紧密压缩状态，为固态结晶体，由于这种固态气体可以燃烧，因此它被称之为“可燃冰”。目前，世界各国正在合力开发这种物质，以作为国内能源产业的新型替代能源。

可燃冰的形成原理

关于可燃冰的形成，专家们意见不一。一般认为，可燃冰是水和天然气在高压和低温条件下混合时产生的晶体物质。这种可燃冰与一般天然气具有明显的区别。一般的天然气是海洋中的生物遗体在地下经过若干地质年代生成的，而固态天然气——可燃冰矿，则不是由生物遗体形成的。它可能是数十亿年前，在地球形成之初的某个时期，在深海500～1000米的岩层中，保存在水圈里的处在游离状态下的甲烷在适宜的条件下与水结合而成的结晶矿。可燃冰普遍存在于海洋中，已经探明的储量极为丰富，是陆地上石油资源总

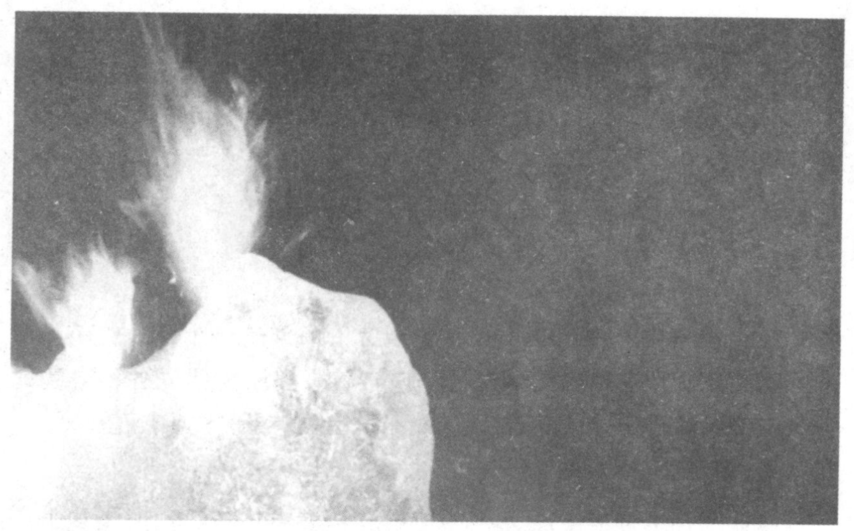

量的百倍以上，这样可观的储量引起了世界各国科研人员的兴趣。

可燃冰的开采

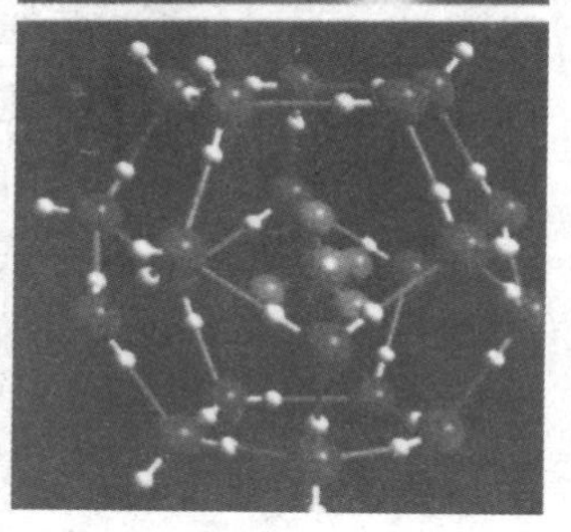

俄罗斯对可燃冰的开采进行了首次尝试。他们在西伯利亚的梅索亚哈气田进行了试验并取得了成功，这个气田在背斜构造上，储气的地层是白垩纪砂岩层。气田中的一部分天然气钻入地表松散的沉积物中，由于西伯利亚的低温与地层中的压力，天然气与水结合成水合天然气。水合天然气充填于松散沉积物的孔隙中，形成了封闭的壳层。迄今为止，俄罗斯已开采了近三十亿立方米的可燃冰。俄罗斯的尝试成为人类对可燃冰开采的首次成功实验。自此，人类对可燃冰的开发进入了一个崭新的时代。

矿产资源

毫无疑问，占地球表面70%以上的海洋是一个巨大的矿产资源宝库。从海岸到大洋深处，遍布着人类所需要的各种丰富的矿产，海洋深处蕴藏着金、银、铜、铁、锡等重要矿藏。

海洋矿藏中最重要的当数锰结核，它是块状物质，堆积在水深约4000米～6000米的深海海底，总共约有三万亿吨，锰、铁、镍、铜等主要金属元素均以氧化物的形式富集于锰结核各层内。

在海洋深处，存在着大量的重金属软泥，含有丰富的金、银、铜、锡、铁、铅、锌等，比陆地上的要丰富得多。海洋是人类未来的矿产宝库，人类在开发海洋矿产时也应该注意保护海洋生态平衡，为海洋生物创造良好的生存环境。

铀

铀是一种致密而有延展性的放射性金属，在接近绝对零度时具有超导性。

铀在裂变时能释放出巨大的能量，不足1000克的铀所含的能量约等于2500吨优质煤燃烧时所释放的全部能量。在核能源迅速发展的今天，铀已成为各国的重要战略物资。陆地上的铀储量非常少，海洋中却拥有巨大的铀矿储藏量。据统计，大洋中铀的总储量约

达四十五亿吨之多，这个储量相当于陆地总储量的 4500 倍。海洋中的铀含量仅是理论上的计算，毕竟铀在海水中的浓度非常小，每升海水仅含 3.3 微克铀，即在 1000 吨的海水中，仅含 3.3 克的铀。如何开发和利用海洋中的铀能源成为科学家们的一大难题。

铀的分布

铀在海洋中的分布并不均衡。在海水垂直分布上，太平洋和大西洋中的铀在水深 1000 米处含量最高；而在印度洋中部则是在 1000 ~1200 米含量最高；最低的含量是在水深 400 米处。在海洋生物中，浮游植物体内的含铀量要比浮游动物高 2 ~3 倍。

如此不均衡的分布为铀能源的开发设置了新的难题。科学家会如何克服这些难题呢？我们拭目以待。

溴

溴在工业医药领域中有重要的应用。它是杀虫剂的重要组成成分；是医用镇静剂的主要成分；是抗菌类药物的主要组成元素……

海水中溴的含量较高，在海水中溶解物质的顺序表中排行第七位，每升海水中含溴 67 毫克。海水中的溴总量有 95 亿吨之多。

溴的工业用途

溴在工业上被大量用做燃料的抗爆剂，把二溴乙烷同四乙基铅一起加到汽油中，可使燃烧后所产生的氧化铅变成具有挥发性的溴化铅排出，以防止汽油爆炸。此外，溴还在石油化工产业中担负着非常重要的作用。

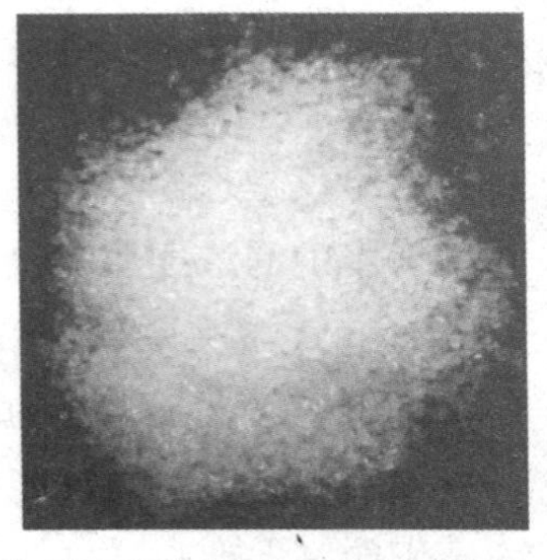

金刚石

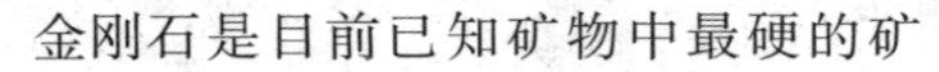

金刚石是目前已知矿物中最硬的矿物，它被广泛应用于钻头和切削器材上。金刚石还有鲜艳夺目的色彩。纯度高的金刚石被称为钻石，是一种贵重的宝石。金刚石还可制成拉丝模，做成的丝可用于制作降落伞的线。细粒金刚石还是高级的研磨材料。

金刚石的产地

非洲大陆是金刚石之乡，南非、刚果（金）和刚果（布）均是金刚石的重要产地。非洲纳米比亚的奥兰治河口到安哥拉的沿岸和大陆架区估计总储量有 4000 万克拉，而在奥兰治河口北面长 270 千米、宽 75 千米的地带特别富集。该地域含金刚石沉积物厚达 0.1 ~ 3.7 米，平均每立方米的金刚石含量为 0.31 克拉，储量约有二千一百万克拉。由于奥兰治河流经含金刚石的岩石区，把风化的金刚石碎屑中的一部分带入到大西洋，并在波浪的作用下，扩散到沿岸 1600 千米的浅滩沉积物中，形成了富集的金刚石砂矿。这时真可谓是举世闻名的“宝石之都”。

海绿石

海绿石广泛分布于 100 ~ 500 米深的海底，它富含钾、铁、铝硅酸盐等矿物，颇具经济价值。其中氧化钾含量占 4% ~ 8%，二氧化硅、三氧化铝和三氧化铁的含量占 75% ~ 80%。

海绿石颜色很鲜艳，有的是浅绿色，有的是黄绿色或深绿色。海绿石形态各异，有粒状、球状、裂片状等。

海绿石是提取钾的原料，可做净化剂、玻璃染色剂和绝热材料。海绿石和含有海绿石的沉积物还可做农业肥料。

白云石

白云石是一种普通的矿物，一般存在于石灰石和沉积岩中。白云石能在遇到热盐酸时生成气泡。白云石蓄集铅、锌和银，是炼镁等冶金工业中的主要原料，也是玻璃、耐火砖等建筑材料生产中不可或缺的材料之一。

大约二百年前，法国自然科学家雷姆在意大利考察时，发现了一条起伏不平的山脉横亘在蓝天下，放眼望去，全是浅白色的岩石，像一片白云，雷姆遂给这片岩石起名为“白云石”。

海底软泥

英国海洋考察船“挑战者”号，在1872年—1876年的环球探险中，在各大洋的海底，多次发现了深海软泥。探险科考队员们根据各种软泥的不同特性对其进行了分类，分别命名为抱球虫软泥、放射虫软泥、硅藻软泥、翼足类软泥等。

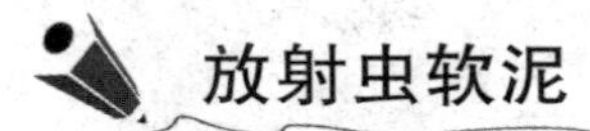

放射虫软泥

当深海红黏土中的放射虫硅质壳的含量超过20%时，就称其为放射虫软泥。放射虫软泥仅分布于低纬度海底，在太平洋呈东西带状分布，而大西洋、印度洋则很少见。

金属软泥

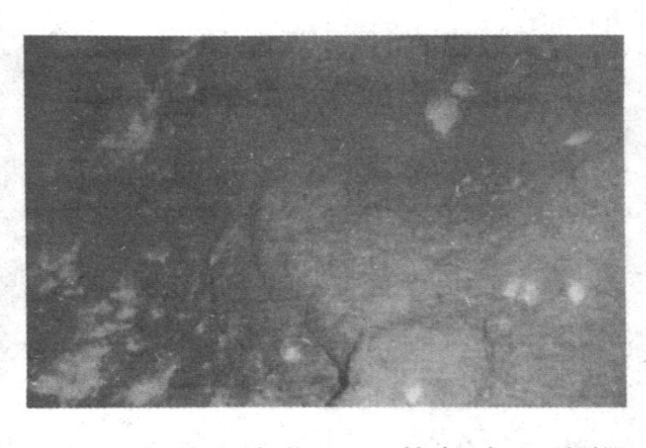

金属软泥矿是近三十年来海底矿床研究的重大发现，它引起了世人的广泛关注。

1984年，瑞典“信天翁”号船在红海航行时发现苏丹港至东北岸吉达中间的海水温度异常，较同纬度海水温度高。在20世纪60年代国际印度洋考察期间，他们在红海深约二千米的海洋裂谷中，发现了四个富含重金属和贵金属的构造盆地，他们将其命名为：“阿特兰蒂斯11号”海渊、“发现号”海渊、“链号”海渊和“海洋学者号”海渊。它们的总面积约八十五万平方千米，水深都大于2000米，海底沉积软泥中金属元素含量特别高，覆盖沉积物的海水含盐度也很高，水温异常，底层水温高达56℃，海

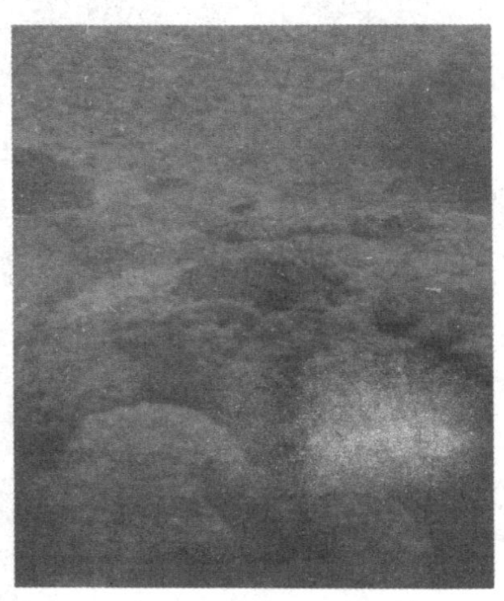

水中的含矿程度比一般海水高一千多倍。软泥中含有大量的铜、铅、锌、银、金、铁和铀、钍等金属元素。而这些软泥多分布于红海中部的强烈构造破碎带上，它们的生成与地震和火山活动有关。

钴

钴呈灰白色，它的化学性质像钛，可用来制作特种钢和超耐热合金，也可以做玻璃和瓷器上的蓝颜料。钴作为一种特殊金属元素，可代替镭来治疗恶性肿瘤。此外，它在工业上也有广泛应用。

美国和德国科学家共同于 1981 年在夏威夷以南的海底发现了钴、镍等资源。钴矿源集中在 800 ~2400 米深的海底高原的斜坡上。以太平洋为中心，各大洋的海底均不同程度地蕴藏着钴矿。其中仅在美国西海岸的 370.4 千米的海域内，蕴藏量就达 4000 万吨。丰富的钴矿蕴藏量为人类开发利用钴元素提供了广阔的平台。

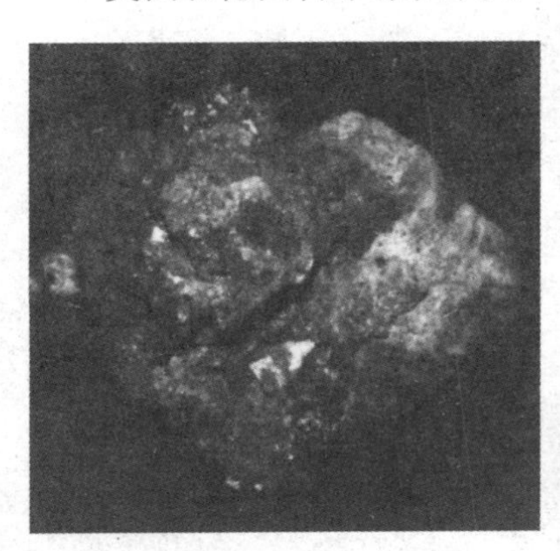

锰结核

锰结核是海洋中重要的矿藏，它含有锰、铜、铁、镍、钴等 76 种金属元素。世界大洋中的锰结核矿总储量约为三万亿吨，仅在太平洋的储量就达 1.7 万亿吨。如果把海洋中的锰结核全部开采出来，锰可供人类使用 3.33 万年，镍、钴、铜分别可供人类使用 2.53 万年、34 万年和 980 年，而且锰结核还以每年 1000 万吨的速度在增长。人类将把利用海洋的重点放在如何去开发使用这类锰结核矿上，以解决现在普遍存在的矿产短缺危机。

锰结核的发现

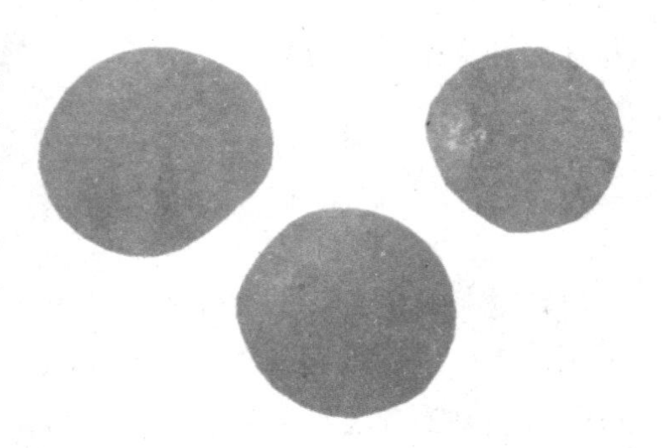

1872 年，英国“挑战者”号海洋考察船在海洋学家汤姆森教授的带领下开始了环球考察。1873 年 2 月 18 日，“挑战者”号航行到加那利群岛的费罗岛附近海域，用拖网采集取样时，发现了一种类似鹅卵石的黑色硬块矿石。它的形状类似马铃薯，直径在 1～25 厘米不等。汤姆森将这些海底矿样当做一般样品封存起来，这些样品并未引起“挑战者”号科学家们的重视。海洋学家将这些样品存放在大英博物馆。后来，经地质专家化验分析，这些黑色“马铃薯”是由锰、铁、镍、铜、钴等多种金属化合物组成的。剖开来看，发现这种团块是以岩石碎屑、动植物残骸的细小颗粒和鲨鱼牙齿为核心，呈同心圆状一层一层长成的，专家们遂将这些矿石称为“锰

锰结核的颜色通常为黑色或褐黑色，形态多种多样，有球状、椭圆状、马铃薯状、葡萄状、扁平状、炉渣状等。

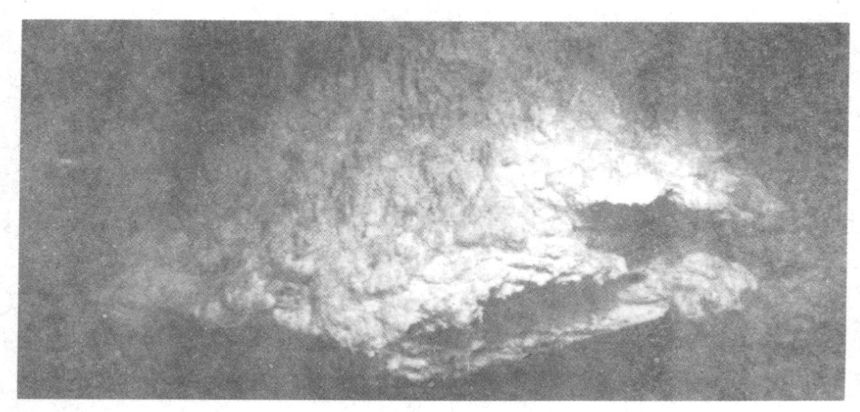

结核”。

热 液 矿

1981 年，美国科技工作者在太平洋东部厄瓜多尔附近的海域底部发现了热液矿藏，这一发现吸引了全球地质学家的目光。这个巨型热液矿床处在 2400 米深的海底，在长 1000 米、宽 218 米的范围内，储藏量竟达 2500 万吨。科学家们经过分析化验发现，这种矿富集铜、铁、钼、锰、银、锌、镉等元素。这实在是人类地质科考中令人惊喜的大发现。

热液矿的优点

热液矿具有非常大的用处。第一，热液矿在海平面下 3000 米以上，便于开采；第二，热液矿单位面积产量高，要超过锰结核千倍，含有的贵金属也多，具有更大的诱惑力；第三，陆上已有与热液矿相似的矿床，金属提炼方法成熟，技术难度小；第四，太平洋大洋中脊的位置离美国近。所以，美国的投资者们对热液矿产生了浓厚的兴趣。

最大的淡水库

海洋的主体是水，其最广泛最丰富的当然要数水资源。近代人类活动的扩展，造成对可用水的需求量不断增长。海水淡化是20世纪50年代迅速兴起的一门应用科学，是海洋开发的重要部分。

世界淡水资源非常有限，节约用水已成为人类的普遍共识。然而，随着工农业发展和环境污染，水资源匮乏终究会来临。人类该如何度过“水荒”危机呢？冰川淡水资源极具开发前景，于是对南极洲冰川的利用提到了各缺水国家的议程上来。全球冰川总面积约1623万平方千米，南极冰盖面积1398万平方千米，占全球冰川面积的86%。南极的冰山，完全可以当做淡水来利用，其总储水量为2160立方千米，占全球淡水总量的90%。南极的海洋里约有22万座冰山，这对缺水国家来讲充满了诱惑力。南极储藏着巨大的淡水资源，但它能不能被人类利用呢？

冰山运动的主要动力是风，其次是洋流。冰山在风速影响下，其运动速度可达 44 千米/日，这主要取决于冰山高出水面部分的形状。

运输冰山的困难

冰山是未来主要的淡水资源，但在使用上却存在运输困难的问题。对此人们想出了许多解决方法。

运输冰山首先应选择恰当的冰山。南极冰山可分为：台状形、圆顶形、倾斜形和破碎形等几类。运输的冰山应尽量选择有规则形状的，冰山的大小也要选择恰当的。冰山太大会带来拖运的困难，太小又不合算，所以要选择适中的为宜。

南极冰山一般几百米长，高出水面几十米，大一点的近几百千米，体积巨大，重量惊人。运输这样的庞然大物，是一件很困难的事情。运输冰山要动用许多大马力的运输船，而且航速也很缓慢。这都为冰山的运输增加了许多困难。

让冰山自己航行

冰山的运输可以说是一件难于登天的事情。为解决这类难题，各国科学家进行了大胆的设计和实验。其中，美国科学家科纳尔提出了一个想法：让冰山自己“跑”到指定地点。

科纳尔解释说：利用冰山与周围海水之间的温差，就可以把冰山推走，只要在冰山一端装上蒸汽涡轮推进器就行了。因为，冰山底下的海水温度要比冰山本身高 11℃，这个温度已经足够把液态氟利昂变成气体了。受热膨胀的压力就可把发动机发动起来，冰山也就会像动力船一样自己行驶了。这样既节省了运费，又解决了冰山运输的困难。

让冰山通过赤道

但还有一个难题：冰山如何通过炎热高温的低纬度地区呢？科学家们又有一计：用涂有散热降温药物的塑料薄膜，为冰山穿上合适的“衣服”。在冰山的中间部位开几个洞，使这些部位的冰露出来，直接接受阳光的照射，使此表层的冰逐渐融化，这相当于在冰山上开凿了几个贮水池，所以这种方法比较实用。

海洋空间资源

随着世界人口的不断增长，我们的陆地可开发利用的空间越来越小，并且日见拥挤。而海洋不仅拥有骄人的辽阔海面，更拥有潜力巨大的海底资源。海洋空间资源的开发与利用将带给人类生存发展的新希望。

开发和利用海洋空间资源，已成为各海洋国家重视的项目，开发海洋也将成为世界科技的大趋势。对于那些陆地面积狭小的国家来说更是如此。假若人们能够将占地球总面积71%的海洋加以充分利用的话，人类的居住面积将大大改善。

海湾利用

海湾深入陆地，风平浪静，最有利于各项建设事业。

世界上许多海湾都已建有港口等设施。现在许多国家已在海湾上修建了水上飞机场、人工岛、海上城市和旅游设施等。

海运利用

海运在各种交通中的优势明显、航船载货量大（尤其是巨型邮轮）、运费低、适应性较强、沟通便利……世界上多数国家都是邻海国

家，海运可直达世界各地，自古以来，海运始终是国际贸易中的主力军。

青函海底隧道

世界最长的海底隧道是日本的青函海底隧道。它南起本州青森县，北至北海道的函馆，横穿津轻海峡，隧道全长约 54 千米。它的主隧道宽 11 米，高 9 米，中央部分在海面以下 240 米，切面是马鞍形；隧道内铺设了’两条铁路，另有两条用以后勤或维修的辅助隧道。高速火车通过隧道仅用 13 分钟。该隧道耗资 37 亿美元，被称为当代的一大奇迹。青函隧道成为日本沟通本州和北海道的纽带，大大促进了本国的经济交流。

香港九龙海底隧道

香港九龙海底隧道计划于 1955 年正式提出，1966 年开始动工，1972 年建成通车。隧道全长 2625 米，其中海底部分为 1290 米。这条隧道的建成是香港交通史上的里程碑，也是当时闻名于世界的大工程之一。

整个隧道由香港政府出资兴建，连通九龙半岛至香港岛的维多利亚海峡海底隧道。此外，九龙至香港之间还有一条地下铁路海底专用隧道。

20 世纪 70 年代中期，香港开始兴建维多利亚海峡海底隧道工程。施工部门按照设计，在陆地上用钢筋混凝土浇制 14 个体积庞大的隧道沉管，将其陆续沉入海底，再接起来加以固定。

海底利用

浩渺的大海始终寄寓着人类美好的愿望，人们想象着大海深处的世界是什么模样，我国古代便有海底“龙宫”的传说。

21 世纪，人们将向海底发展，在大海深处建造城市。在海底建城市，面临的最大问题是水压和海水腐蚀问题，因此，就需要研发出一系列抗压和耐腐蚀的建筑材料来。海水淡化、废水处理、空气循环等难题也应当被攻克，这样人类才得以入住海底。

滩涂利用

目前，一百四十多个国家都在从事滩涂水产养殖，仅虾类养殖面积就已达一百多万平方千米。我国的海水养殖面积达八十多万平方千米。

荷兰几百年间围海造陆六十多万公顷，占其国土面积的 1/5。日本也已围海造陆 1200 平方千米，为亚洲之首。此外，新加坡、美国也都有围海造地的计划并得以实施。我国在历史上累计开发滨海荒地和滩涂 16 余万平方千米，建国以来，我国又围垦了 6000 多平方千米。我国香港的启德机场和新机场，澳门的机场均由填海而成。一些海滨城市在海上建机场已是一种趋势，如韩国的仁川国际机场

位于两个岛屿之间填海而成的人造陆地上；日本神户人工岛是一座有现代化的港湾设施、居民住宅、国际展览中心、酒店、公园、飞机场的海上城市，居住着15800人。这样，在不久的将来，人类向海洋进军的计划会更大。

海上人工岛

通过人工在海洋中建成的陆地，我们就叫它海上人工岛。人类在开发海洋资源的同时，也在不断探索如何在海洋上开发生存空间。日本在20世纪70年代，利用一个海中的小岛，再移山填海建成了长崎机场。海上人工岛也可以建造大型居住区，这就是海上城市。

中国的海上人工岛

我国第一座海上人工岛——张巨河人工岛坐落在河北省黄骅市歧口镇张巨河村南距海岸4125米的海面上。张巨河人工岛具有勘探、开发、海上救助和通信等功能。

张巨河人工岛隶属于大港油田，于1992年5月22日定位成功。它采用单环双壁网架钢板结构，内径60米，防浪墙高7.5米，主要用于2.5米以下水深、工作条件恶劣的极浅海域的石油勘探与开发。它是我国渤海洋面上的一颗明珠。

海上旅游业

旅游被人们称为“无污染绿色产业”，旅游业的开发在各国备受关注。许多海岸地带是旅游、休闲的好去处——优质的沙滩、清新的空气、明媚的阳光、宜人的气候，为海上旅游注入了不竭的生命力。许多国家都在这方面进行了开发，如意大利已建成五百多个海洋公园，其中利古里亚海东岸的维亚雷焦海洋公园，是一个大型的海洋综合游乐中心，内设游览、体育俱乐部、训练场等，已成为欧洲旅游天堂。我国各省市的海滨浴场也吸引了越来越多的游客。数量众多的海岛被称为“海上明珠”，发展海岛旅游前景广阔，而我国海岸线广阔，具备开发旅游业的诸多有利条件。为推动我国走向世界，为促进中国经济的良性发展，为改善人民生活水平，我国海上旅游资源的开发势在必行。

围海造陆

荷兰有27%的土地在海平面之下，有近1/3的国土海拔仅1米左右。首都阿姆斯特丹的位置，就是昔日一个低于海平面5米的大湖。因而，如果不是那些高大的风车，如果没有荷兰人民围海造田的不懈努力，荷兰恐怕早已沦为一片沼泽了。

荷兰的围海造陆工程

荷兰的造陆，主要方式是筑堤排水，从海平面以下取得陆地。在20世纪初（1927年—1932年），荷兰筑起了世界上最长的防浪大堤。大堤长30千米，高出海面7米；海堤底宽90米，顶宽50米；堤顶可并驶10辆汽车。防浪海堤修起后，将须德海完全封闭起来，形成内湖，人们又把内湖水进行淡化，然后分片筑堤围垦，荷兰最终获取陆地2600平方千米。在上世纪中叶，荷兰又实施了“三角洲工程”计划。此工程是修筑一条大堤，将莱茵河、马斯河、斯海尔德河的三角洲截住以将活水永远拦在大堤之外，保住南部三千多平方千米的国土。同时，荷兰又在海堤上建起一座通航船闸，修筑通航水道。荷兰人利用挖取的淤泥填充低地，以获取港口用地，确保通航水道能够具备持续的通航能力，而这个大型的围海造陆项目也成为了荷兰人的骄傲。美丽的郁金香之国，浩大的围海造陆奇迹吸引了一批又一批慕名而来的世界各地游客。

围海造陆的利弊

科学合理的开发，海洋能造福于人类，但是，只顾眼前利益，不合理的盲目围海，也会给人们带来灾难。这样的例子，在我国沿海经常能见到。例如，渤海沿岸水域，原是鱼类和对虾的繁殖地，但由于不合理的围垦，鱼虾的产卵地完全被破坏，以致如今渤海往日的鱼汛都无法形成。近几年，几乎年年都发生大面积赤潮灾害，有的年份，一年之内竟发生数十次赤潮，而且发生次数逐年上升。其中对渔场的破坏最为常见，无目的、无秩序的盲目围海造陆会使海洋环境因素发生变化，这便会破坏渔场，给海洋的渔产养殖业以致命打击。围海造陆可能破坏它所在海域的原有海洋生态环境系统，造成水域污染。所以，填海造陆、围垦滩涂如果处理不当，就会造成环境污染，破坏生态平衡。

海洋药物资源

那一片茫茫的大海不仅仅是生命的摇篮，有取之不尽用之不竭的能源，它也是一个巨大的药物资源宝库。很早以前人们就懂得了从海洋中获取治疗疾病的药物。

早在两千多年前的《黄帝内经》中，就记载有乌贼骨治血枯的方法，传统海洋药物中，有些种类今天仍广泛应用，各版药典均有收载，《中华人民共和国药典》收载了海藻、瓦楞子、石决明、牡蛎、昆布、海马、海龙、海螵蛸等十余个品种。其他主要还有玳瑁、海狗肾、海浮石、鱼脑石，紫贝齿及蛤壳等。

但由于技术条件的限制，海洋药物资源在历史上应用较少。随着科学的发展，现代技术的应用，大量开发和利用海洋药物资源已势在必行。

水生生物的优势

在这巨大的蓝色宝库中，存在着二十多万种水生生物，这些水生生物绝大多数还不为人们所认识和熟悉，但有一点可以肯定，这些生物有着与陆生生物截然不同的生存方式与繁殖方式，每一种生物与其周围生物间有着比陆生生物更密切的相互依存、相互制约的关系。

陆生生物绝大部分生活于陆地表面，水生生物生活在水的立体空间内，这不仅为生物生存提供了巨大空间，而且还形成了与陆生生物截然不同的生存条件，这其中包括水的压力、光照程度、含盐浓度、水温、水中含氧量等。

水生环境使生物间的关系更加密切，一种生物的代谢物会自然地被它周围的生物吸入体内，它自己也自然地吸收周围生物的代谢物，它们之间产生了一种既相互依存又相互制约的特殊关系。捕食因素、防卫因素、变态因素、生殖因素等因素使生物体内形成了特殊的生化体系，每种水生生物间又形成了相互影响的生化体系，整个水生生物界形成一个巨大的化学共轭体系。在这一巨大的共轭体系中，存在着数千数万种不同于陆生生物的化学物质，这些化学物质对人体具有特殊的生物活性，是蓝色药品库中的精品。

迄今为止，人们已经发现了两千多种具有特殊化学结构或特殊生理活性的化学物质，这些物质多数还不为人们所认识。研究和进一步认识这些特殊化学物质的存在状态、特殊结构和生物活性无疑会给人类防治疾病带来巨大的突破。

牡　蛎

牡蛎是一种比较常见的海洋生物，它的药用价值在古代的很多典籍中都有记载。如《本草纲目》中记载，牡蛎“补阴则生捣用，煅过则成灰，不能补阴”，还有“化痰软坚，清热除湿，止心脾气痛，痢下，赤白浊，消疝瘕积块，瘿疾结核”的功用。《神农本草经》中记载它能够治伤寒寒热。长期服用能够强骨节。

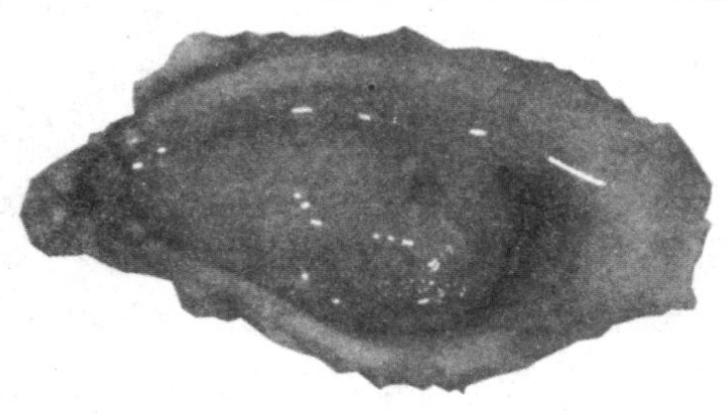

牡蛎还分很多种，生蚝

是牡蛎品种中个头比较大的品种之一，它一般是生长在半咸半淡的内湾浅海上。它可以生吃，有补肾，美容的效果。

珍珠牡蛎的外套膜中还会产生珍珠。珍珠的药用在中国已有两千余年历史。三国时的医书《名医别录》、梁代的《本草经集》、唐代的《海药本草》、宋代的《开宝本草》、明代的《本草纲目》、清代的《雷公药性赋》等19种医药古籍，都对珍珠的疗效有明确的记载。珍珠的药用产品研制已经形成了系列产品，如“珍珠片”“珍珠胶囊”“珍珠膜剂”“合珠片”“消朦片”等。

海　藻

海藻性味咸寒，具有清热、软坚散结的功效。但脾胃虚寒者忌食用。

海藻是指生长在潮间带及亚潮间带肉眼可见的大型藻类，通常包括绿藻、褐藻及红藻三大类。在古代中国及日本就有利用海藻作为食物的证据，古医典包括《本草纲目》《本草经集注》《海药本草》及《本草拾遗》等都有用海藻治疗各种疾病的纪载。

海藻也是印尼及其他东南亚国家的传统药材，用于退烧、治咳，以及治疗气喘、痔疮、流鼻涕、肠胃不适及泌尿疾病等。日本人喜欢食用海藻，以加强身体抗癌、抗肿瘤的能力，且可有效改善糖尿病症状及纾解紧张压力。每100克海藻含水分11.3克，蛋白质4.2克，脂肪0.8克，碳水化合物56.9克，钙7 270毫克，铁92毫克，还含有藻胶酸，藻多糖，甘露醇等。利用药用海藻类开发的产品有褐藻淀粉酯钠、螺旋藻、褐藻胶、琼胶、琼胶素、卡拉胶等。

海藻是生长在海中的藻类，结构简单，是植物界的隐花植物。

海　带

海带是一种营养价值很高的蔬菜，每百克干海带中含粗蛋白 8.2 克。海带是一种含碘量很高的海藻。养殖海带一般含碘 3‰～5‰，最多可达 7‰～10‰。从中提制得的碘和褐藻酸广泛应用于医药、食品和化工。多食海带能预防动脉硬化，降低胆固醇与脂肪的积聚。

海带资源十分丰富，开发潜力也很大。海带中的褐藻酸钠盐有预防白血病和骨痛病的作用，对动脉出血也有止血作用，口服可减少放射性元素锶－90 在肠道内的吸收。褐藻酸钠具有降压作用。海带淀粉具有降低血脂的作用。近年来还发现海带的一种提取物具有抗癌作用。海带甘露醇对治疗急性肾功能衰退、脑水肿、乙性脑炎、急性青光眼都非常有效，海带甘露醇和烟酸制成的“甘露醇烟酸片”具有降血脂和澄清血液的作用。但脾胃虚寒者应尽量少食用。

海星主要分布于世界各地的浅海底沙地或礁石上，属棘皮动物，多呈星形，从体盘伸出腕，腕数一般为 5 个。

海　星

海星又叫海盘车，自古就被入药，海星类药用资源较多，世界现存1600种，中国已知的有一百多种。其分布范围也很广，在世界各大海洋都有分布，以北太平洋区域种类最多。海星药用可治疗急慢惊风、破伤风、癫痫、胃脘痛、反酸、腹泻、胃溃疡等。而如今开发出的“海星胶代血浆”具有良好的胶体渗透压，能有效地扩充血容量，增加机体营养，促进机体组织的恢复。

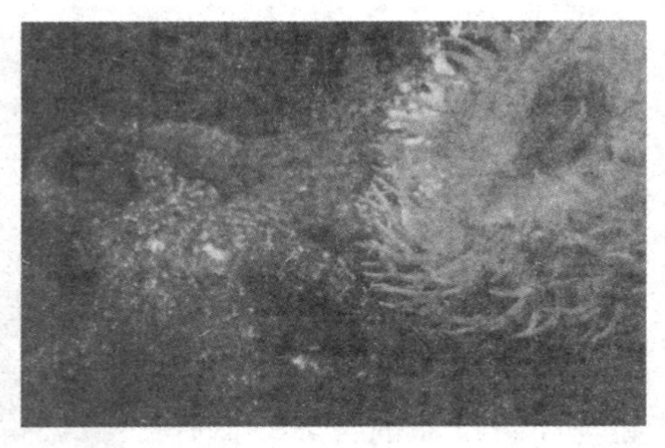

近年来，海星的药用价值正逐步被重视，不少海洋药物或食品企业都开发了海星营养素胶囊等产品，对祛病强身有显著的功效。

海　马

海马属于硬骨鱼类，它的头部像马，尾巴像猴，眼睛像变色龙，还有一条鼻子，身体像有棱有角的木雕。其他的鱼类都是横着游的，只有海马在海中是竖直身体前行的。

海马又名龙落子，是珍贵的药材，有健身、催产、消痛、强心、散结、消肿、舒筋活络、止咳平喘的功效，自古以来就有“北方人参，南方海马”的说法。它具有强身健体、补。肾壮阳、舒筋活络、消炎止痛、镇静安神、止咳平喘等药用功能，对于治疗神经系统的疾病更为有效，还具有抗衰老和抗癌活性，自古以来备受人们的青睐。海马除了主要用于制造各种合成药品外，还可以直接服用健体治病，因此海马在国内外市场上需求量很大。据介绍，仅中国内地、香港和台湾地区以及新加坡每年销售的海马就达1600万只左右。

我国海洋药物研究

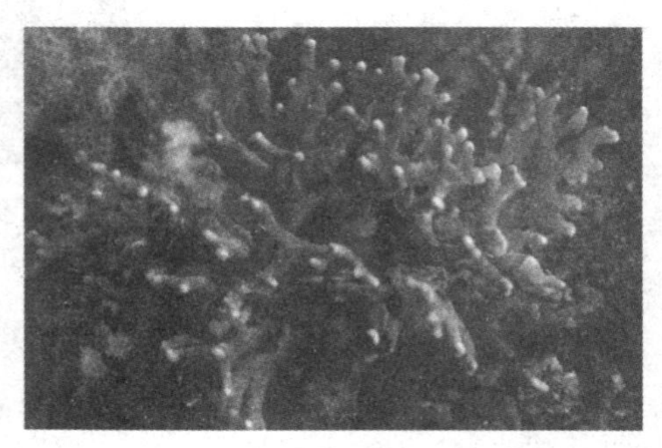

近20年来，海洋药物研究一个突出的特点是致力于新药和新产品的开发。海洋药物中含有许多活性物质，我国研究报道的就有数十种。至1989年，我国研制开发并已投入生产的海洋药物就有十多个品种。例如，抗癌活性物质有从软珊瑚、柳珊瑚及海藻中发现并获得的前列腺素及其衍生物；从刺参体壁分离得到的刺参甙和酸性黏多糖等。我国产的具有抗肿瘤作用的海藻类主要有石莼、肠浒苔、鹿角菜、海黍子、萱藻、海萝、叉枝藻及刺松藻等。用于医治心血管疾病的活性物质有蛤素、鲨鱼油、海藻多糖等；用太平洋侧花海葵生产的“海葵膏”可用于治疗痔疮。以鱼油生产的“多烯康胶丸”具有降血脂、抑制血小板聚集及延缓血栓形成等作用。

海洋药用生物养殖

海洋药用资源的增养殖是扩大药物来源的重要途径。50年来，我国海产养殖发展较快，许多种海洋药用生物养殖成功，有的已实现了大面积的人工生产和工业化生产，改变了完全依附于自然的被动落后状态。海马过去一向靠捕捞，用药难以保障，屡屡出现货源吃紧的情况。经过多年研究，人们已经掌握了海马的习性和繁育技术，目前我国的广东、山东、浙江等地已先后建立起海马人工饲养场，现已能提供部分产品。其他已实现人工养殖的海洋药用生物有牡蛎、海参、珍珠、海胆、鲎、紫菜、裙带菜、江篱、石花菜、麒麟菜和巨藻等。

海洋基因资源

21 世纪是海洋的世纪，海洋对于人类的未来有着至关重要的影响。对于海洋的开发和发展人类迎来了新的机遇和挑战。海洋生物资源的可持续利用是海洋给人类的一笔财富，海洋生物基因资源的研究与利用，更是海洋生物资源可持续利用的核心。

海洋生物活性代谢产物是由单个基因或基因组编码、调控和表达获得的。获得这些基因预示着可获得这些化合物。开展海洋药用基因资源的研究，对研究开发新的海洋药物将有着十分重大的意义。建立海洋动植物基因转化系统与基因工程育种具有重要的经济价值。

研究海洋生物基因组及功能基因，能深层次地探究海洋生命的奥秘；发掘海洋生物基因，有利于保护海洋生物资源。

如今海洋生物资源的开发和利用已成为世界各海洋大国竞争的焦点之一，各国纷纷建立海洋基因工程。基因工程技术在海洋生物方面涉及面较广，包括海洋药物、食品、海洋养殖技术、海洋病原微生物研究、海洋污染及环境保护等方面。

海洋药物基因工程

海洋生物基因资源研究与利用的潜力很大，海洋基因资源包括海洋动植物基因资源和海洋微生物基因资源。其中海洋动植物基因资源的研究对象包括活性物质的功能基因，如活性肽、活性蛋白等。海洋微生物基因资源的研究包括海洋环境微生物基因和海洋共生微生物基因。

海洋生物活性物质当中许多具有抗病毒、抗肿瘤、降压、止痛、促生长等药物生理功效。除少数种类可直接大规模提取外，大都不易获得。

海洋药物基因工程主要研究方式是将海洋药物基因转入陆生微生物、动物或植物中进行表达；也可转入人工养殖的海水生物中进行表达。同时，也可将陆生药物基因转入海洋生物中表达。目前已利用基因工程技术高效表达了一些海洋活性蛋白，如国内的别藻蓝蛋白 APC，

水生生物转基因技术的发展，加速了快速生长、抗逆、抗病转基因鱼、蟹的研究。

国际上的海葵毒素 ApB 及其突变形式 GR—ApB，等等。

海水养殖与鱼虾病防治

如今由于受到捕捞过度、海洋污染及养殖种类的病害等影响，沿海渔业资源正在迅速减少，因此利用海洋生物技术开发和利用现有海洋生物资源，减少病害侵扰，保证增产稳产显得至关重要，把传统海洋养殖业转变为以高新技术为指导的现代养殖业上才是唯一的出路。

在这种情况下，转基因技术的应用意义重大，它对于生长激素转基因鱼、抗病毒转基因鱼虾的新苗种的产生具有重大意义。20 世纪 80 年代，我国朱作言院士已成功地研究出了生长激素转基因鱼，这是世界上首例转基因鱼。

有专家指出，水产品是人类赖以生存的安全的蛋白来源，应从控制鱼类生殖、生长、抗病和抗逆等特性基因克隆、鉴定和功能分析入手，揭示鱼类生殖、生长、抗病和抗逆的特性，建立鱼类功能基因组研究的技术平台，巩固鱼类遗传育种和品种改良的技术基础。

海洋环境保护与病原生物检测

在众多检测、减少和排除污染的技术中，海洋生物工程技术应用前景广阔。如通过基因工程的方法构建能降解石油和有机污染物的工程菌，处理海上污染；检测病原微生物对海洋生物特别是食品类生物的侵袭污染，使之做到操作简单、灵敏度高。

海洋极端生物的基因工程研究

海洋这一特殊的生存环境造就了许多极端的生物，关于它们的基因及蛋白研究，对加深人类对生命本质和起源的认识有十分积极的意义，也有巨大的经济价值。

深海热泉温度高达400℃，热泉周围生活着不少生物，用DNA重组技术，人们可从基因水平上研究高温生物的酶特性及其抗高温机制。

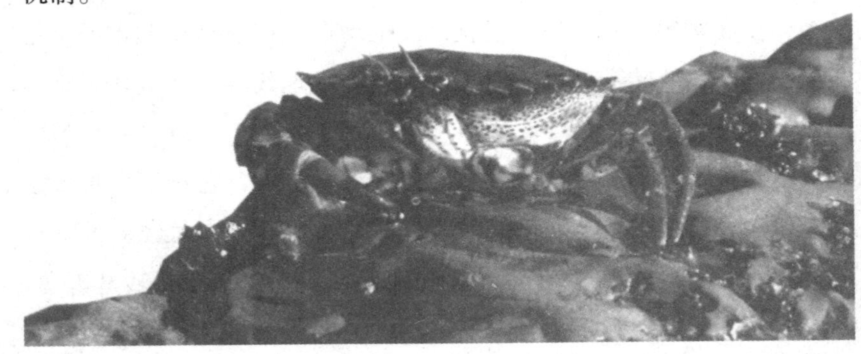

养殖生物的病害已经成为制约海水养殖业健康发展的瓶颈。为此，开展海洋重要病原微生物的基因组和功能基因组学研究已成为当务之急。

很多极端环境下生存的微生物都对现实中的生产应用有着极大的帮助，例如极端酶对环境友好催化具有十分重要的作用，嗜冷酶在工业加工中能起到降低能耗的作用。

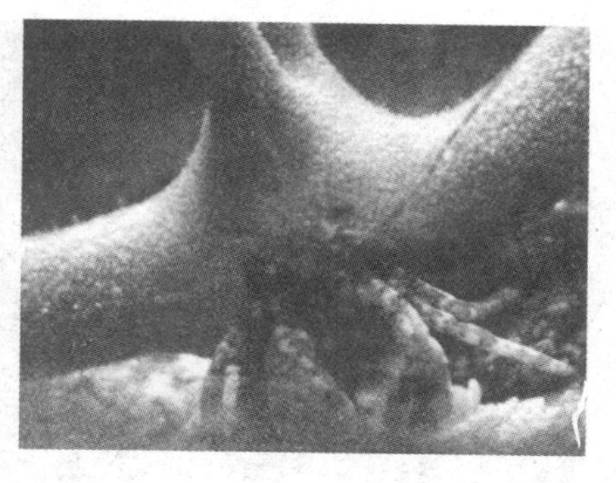

除了微生物以外，海洋甲壳动物也是极端环境中的重要类群。海洋甲壳动物的研究，对于开发丰富的海洋极端环境的基因资源和推动海洋经济甲壳类养殖业均有十分重要的意义。

我国海洋生物基因资源研究

我国海洋生物基因资源的研究起步较晚，但已经取得了重要进展。在水产养殖核心种质方面，开展了遗传连锁图谱的构建、功能基因的筛选与克隆，胚胎干细胞和基因打靶技术的研究。建立了淡水鱼类基因转移的完整技术体系，以及海水鱼类花鲈胚胎干细胞体系，正在构建青鱼 P 53 基因打靶体系，为建立鱼类功能基因分析的技术平台奠定了良好的基础。克隆了深海微生物编码各种低温酶的功能基因，力图建立新型酶制剂的基因工程生产工艺。克隆了海蛇毒素、海葵毒素、水蛭素等一批功能基因，基因重组芋螺毒素、基因重组别藻蓝蛋白和基因重组鲨肝生长刺激因子作为潜在的基因工程创新药物，在“十五”海洋“863”计划支持下，正在进行临床前试验。构建了可能用于海洋药物生产的大型海藻表达系统。

但总的来讲，我国对于海洋基因资源的研究还不够深入，基础积累相对薄弱，我们应该面向大洋和深海，开辟新的基因宝库，形成我国海洋生物基因资源研究的国家创新体系和持续高效利用体系。

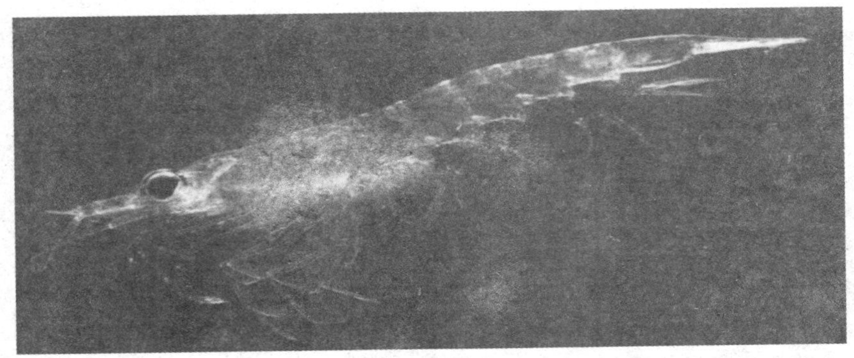

如今，基因资源是战略资源，是生物产业链上游的龙头，谁拥有了基因资源，谁就对产业发展具有话语权。在2010年上半年的一个消息将改变我国对海洋基因资源的研究现状。中科院海洋所宣布，牡蛎基因组序列图谱绘制完成，而几乎在同一时间，黄海水产研究所召开新闻发布会，高调宣布自己的最新科研成果——半滑舌鳎全基因组序列图谱的绘制完成。所谓基因组测序，是指对某个物种基因组核酸序列的测定，最终要确定该物种全基因组核酸的序列。完成一个物种的基因组计划，意味着开启了这一物种学科和产业发展的新篇章。而牡蛎全基因组序列图谱绘制的完成，将极大地推动科学家对以牡蛎为代表的贝类乃至其他水产动物，特别是海产无脊椎动物基因资源的有效开发和深度利用研究。

牡蛎全基因组序列图谱的绘制完成将给我国海产业的发展带来新的前景，这主要体现在三个方面：一是改变基因组育种。传统的育种方式能够为人类提供大量食物，但常规育种存在着周期长、准确性低等缺点，且难以满足未来差异化市场发展的需求，全基因组序列图谱的绘制完成，将使这些问题得到有效解决；二是产生新的海洋基因产品。比如，海洋药物和海洋食品等；三是发掘出新材料。譬如，牡蛎附着礁石上非常牢固，这实际上是一种非常好的生物胶。通过基因研究，可以发现这些生物胶由哪些基因合成，从而开发出新型海洋材料。这意味着我国的海产也将步入“基因时代”。

海洋环境危机

HAIYANG HUANJING WEIJI

各种海洋环境危机

随着世界人口的激增和工业的迅猛发展，人类对海洋资源展开了近乎掠夺式的开发，造成了海洋生态的严重失衡，对海洋造成了史无前例的污染：核废料污染、固体废弃物污染、水体污染……充斥着海洋的各个角落。本来纯净的海洋已今非昔比，满目疮痍了。

天然垃圾桶

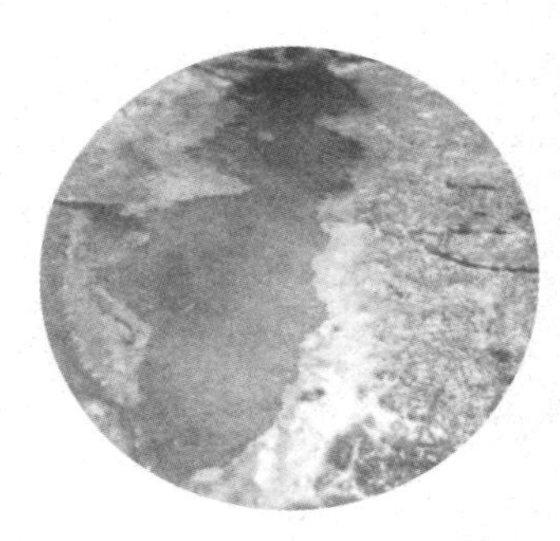

海洋是人类的另一片栖息地。但在很长一段时间里，人类却将其当成了垃圾回收站，海洋环境受到了极为严重的破坏。

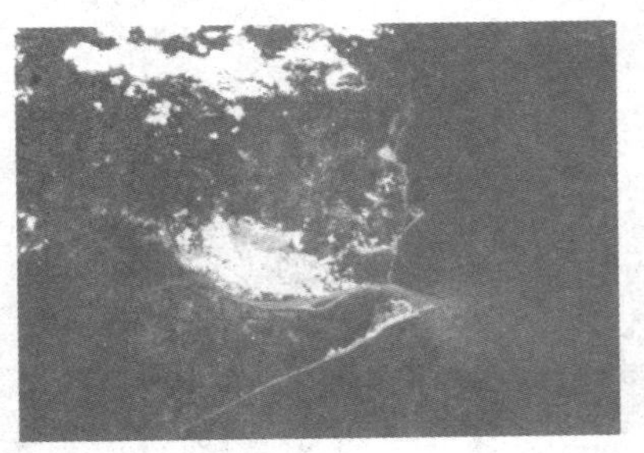

近几十年，随着世界工业的发展，海洋污染日趋严重，局部海域环境发生了很大变化，并有继续扩展的趋势。图为从太空中观测到的海洋污染的情况。

海洋污染物质的来源极为广泛，污染的持续时间特别长，扩散范围特别大，造成污染以后，治理特别复杂和困难。但现在，人类每年仍然会把1000万吨以上的石油及其制品，一万多千克汞、镉，20万千克铜等污染物倾倒进海洋。海洋中的生物遭受了灭顶之灾，大量的海洋生物患上了不同程度和不同种类的疾病，有些鱼类甚至开始大量死亡。毒素在海洋生物体内聚集、积累，当它们成为人类口中珍馐之时，又将毒素反馈给人类……

溢油悲剧

1967 年，英联邦油轮“托里·卡尼翁”号发生海难。英国派出轰炸机炸沉油轮，并放火点燃油轮，试图使油轮里的石油在漏出之前燃烧掉。但是轰炸失败了，油轮内数万吨石油流入海洋，历史上第一次石油污染海洋事件发生了。英国 250 千米的海岸线被石油污染。1999 年 12 月，英国又发生了一次油轮溢油事件。仅几天时间，石油黑潮就在布列塔尼海边蔓延开来。这次事故引发了空前的生物大灾难，大约有三十万只海鸟死亡，遭遇灭顶之灾的鱼类不计其数……

水俣病事件

1953 年，在日本水俣市出现了一种怪病。患病者最初神智不清，全身蜷曲，最后浑身抽搐而死。几年中，患这种怪病的人多达百余人。11 年后，在新潟县又发现了这类患者，这引起了日本政府的高度重视，并组织专家进行了调查，终于弄清楚发病的真正原因是化工厂等向河流、海洋中排放了大量含汞污水，污染了海洋里的动物。人们长期食用被污染的鱼、虾、蟹、贝等海产品，从而引发了甲基

汞严重中毒。这就是发生在日本的水俣病事件。事件发生之后，世界其他国家也相继发生过多起水俣病事件。

濑户内海污染

濑户内海于20世纪70年代初遭受了严重污染，海底遍布散发着腥臭味的污泥，其中铜、铅、汞等重金属含量高得惊人，赤潮频频发生，渔业资源荡然无存。日本政府为此制定了相关法令，并花费了高昂的资金加以治理恢复，才使濑户内海生机再现。而这却是付出了惨重的代价和耗费近二十年时间才得以实现的。

红树林的破坏

亚洲印度尼西亚原有红树林2.5万平方千米，而1969年后的短短10年间，就少了0.7万平方千米，这些土地变成了稻田和渔塘。在马来西亚，海岸带有红树林0.57万平方千米，几年后

红树面积正在退化。

就有 0.1 万平方千米消失；菲律宾也有 0.29 万平方千米红树林被砍伐，还有 0.1 万平方千米正挣扎在生死线上；泰国已有 1/4 的红树林消失了。拉丁美洲海岸在 1920 年前，海岸带红树林覆盖面积达 50%，如今仅存 15%；波多黎各已有 3/4 的红树林荡然无存。海洋与陆地之间的最后一抹绿色屏障遭到了人类肆无忌惮的毁坏。

“海底沙漠”

许多海域因污染变成了“海底沙漠”。联合国环境规划署调查，每天仅流入泰国湾的污水可达三百多吨，有的河流不但没有生物，还会使人们患上肝炎。在印巴次大陆的沿海水域，由于长期潮水振荡，外海水进不来，污水都被拦截集中在离岸 40 千米的区域。这里海水含氧量为零，鱼类和海生物已无踪影，成了海岸线上无生命的地狱。波罗的海的状况也十分糟糕，昔日是鱼类和无脊椎动物的乐园，如今 50 米以下的整个水体，除细菌外，找不到任何生物，成为一个“无生命的沙漠”。此类事件不胜枚举。

大连湾污染

20 世纪 60 年代，大连湾还是个海产资源十分丰富的海湾，每年可捞鲜海参约 1.5 万千克，鲜扇贝十余万千克，采集自然生长的海带和裙带菜 10.5 万千克。这里简直可以说是人间的鱼类天堂，北方的“天府之国”。

大连海域工业废水污染。

然而好景不常，大连工业发展的同时，工业污水和农业污染也“发展”了，大连湾沿海一百多处排污口将大连五百多家工厂的 3 亿吨污水和 8 万吨各种污物都倒人海湾，严重污染了海水和海底的泥沙。20 世纪 70 年代以后，湾内自然生长的海参、扇贝绝迹了，鱼、贝、虾数量锐减，原来的 7 处海参养殖场和 2 个扇贝养殖场纷纷关闭。20 世纪 80 年代情况更糟，海湾内几乎每年都要发生几次赤潮，剩下的贻贝养殖场也面临厄运。20 世纪 90 年代赤潮便犹如家常便饭，时常“光顾”大连湾。大连湾往昔的盛况也已不再，今后，它还会发生怎样的变迁呢?

渤海污染

渤海湾的生态环境也不容乐观。天津塘沽、汉沽和河北唐山、黄骅地区工业污水大量排入渤海。工业污水约 5.28 亿吨，排入口附近海域海洋生物已绝迹，其他海域生物种类每年都在减少。这里多次发生污染事故：如汉沽化工厂的污水曾多次造成南北 20 千米范围内大批鱼虾死亡，周围 180 万平方米滩涂贝类遭殃。1990 年 7 月，北排河两次提闸放水，大量有毒污水顺河入海，使渤海 15 千米范围内的水面变成黑色，渤海湾——中国自己的内海遭到了无情的污染，环境恶化的后果让人扼腕痛惜!

增强海洋保护意识

我国拥有32000千米的海岸线，有6500个岛屿，按照《联合国海洋法公约》的规定和我国的实际测量，我国共辖有海域面积约300万平方千米。在世界海洋大国中，我国名列第九位。海洋安全关系到国家的生存空间和实际利益，我们要树立正确的国土观，热爱自己的海洋国土。

海洋自然保护区

第二次世界大战后，世界科技进步，经济发展。各类工业，包括石油化工等污染较强的工业蓬勃发展起来。人类为了追求片面的经济利益而忽视了环境的保护，致使人类生存的环境遭到了前所未有的破坏，海洋也未能幸免，遭到了灭顶之灾。海洋被污染后，不仅对人类的健康和生存产生了严重影响，对海洋中的各种生物影响更大。海洋中的污染物，不仅使海水中的生物发生了生理、生化、遗传等方面的异常变化，更使海洋生物种群结构被严重破坏，致使某些海洋生物在局部海域绝迹。为了保护海洋部分自然环境的原始面目，

保护海洋生态资源，保护那些特别珍贵、稀有和濒临灭绝的海洋生物物种，环保人士提出了为那些海洋生物建立“安全岛”的办法，以达到保护的目的。

根据“国际自然与自然保护同盟”1988年的统计，世界上已有各种类型的海洋自然保护区八百多个。按照保护区所在位置划分，海岸湿地保护区441个，海岛保护区168个，海域保护区134个，珊瑚保护区72个，河口保护区50个。海洋生态环境的前景出现了一线曙光。

中国的海洋自然保护区

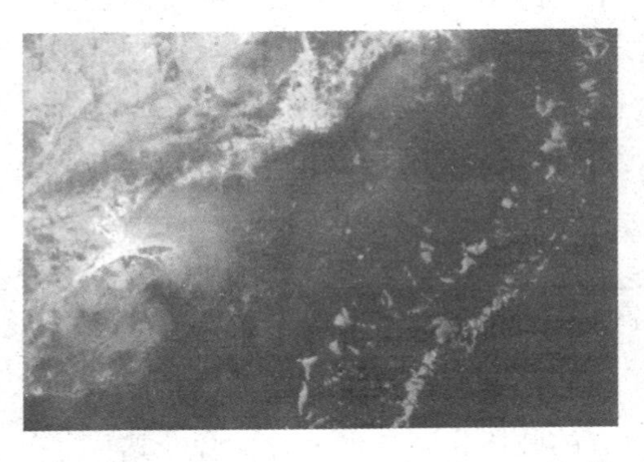

截止到1996年，我国已批准建设的海洋自然保护区共有60处，其中国家级的有15处，省级的有26处，市县级的有16处。国家级的有黄金海岸自然景观及海区生态环境保护区，红树林生态保护区，金丝燕及其栖息地海洋生态环境保护区，海洋贝类、藻类及其生态环境保护区，海底古森林遗迹保护区等等。它们分别隶属于河北、广西、海南、浙江和福建省。

拯救珊瑚礁

泰国沿海的珊瑚礁曾遭到人类严重的破坏，几乎濒临灭绝。泰国人民为防止美丽珊瑚的灭绝开展了一场拯救珊瑚礁的活动。当地渔民已放弃了破坏性的捕鱼活动，并在海上巡逻，与当地政府一起工作，不让拖网海船靠近海岸。米沙耶群岛中部的阿坡小岛，10年来村民们一直对珊瑚礁实行保护性使用，现在他们管理着自己的海洋公园的旅游业，再没有人破坏珊瑚了，经济收入也比过去高了很多。世界银行也参与了拯救珊瑚礁的工作，第一次向印尼提供4000万美元的贷款，用于对海底珊瑚的管理，珊瑚得到了拯救。

我国的海洋环境治理

中国的领海位于太平洋的西部，亚洲大陆的东部。渤海、琼州海峡和台湾海峡是我国的内海，黄海、东海、南海的面积很大，大陆架也很宽广。

我国沿海岛屿众多，海岸线漫长，仅大陆岸线就有一万八千多千米。这样辽阔的海域，蕴藏着丰富的渔业资源、矿产资源和水力动力资源。

近年来，在我国近海海底发现了丰富的石油，这为解决中国能源危机起到了重要的作用。但是，污染问题同样也是困扰中国海洋环境的一大难题。我国海域的污染问题也日益突出，局部海域受到严重污染，这引起了我国政府和环保人士的高度重视。

渤海已受到石油的污染；局部海域出现了富营养化现象，从而引起了赤潮的发生；有的海区的经济鱼、贝类捕捞量下降，水产品产量大大降低，海洋生态平衡遭受严重的破坏，海洋生物遭到破坏，一些鱼类及海洋生物就会面临灭绝的危险。

海洋污染使得海底美丽的珊瑚也面临危机。

为了不再重蹈一些发达国家的覆辙，我国政府成立了负责海洋环保工作的专门机构，制订了规划，组织有关单位进行了海洋环保状况的调查研究。我国海洋的污染治理工作已取得初步成绩，但目前我国海洋污染问题依然十分严重，这也成为制约我国可持续发展的一大难题。我们必须慎重行事，制订周密计划，为中国海洋生态建设的可持续发展努力奋斗。

海洋之最

HAIYANG ZHI ZUI

最大的岛屿

介于北冰洋与大西洋之间的格陵兰岛是世界第一大岛。“格陵兰”意为绿地，该岛由公元982年移居此地的挪威人命名。全岛约80%的地区处于北极圈内，因此寒冷异常。身处格陵兰岛，你将有机会看到因纽特人的冰屋，体会极地地带所特有的美景。

格陵兰岛是一个由庞大的冰山、高耸的山脉、壮丽的峡湾和裸露的岩石共同组成的地区。

世界上最大的岛屿格陵兰岛是一片白茫茫的冰雪世界，那里的地面上覆盖着厚厚的冰层。格陵兰岛是仅次于南极洲的世界第二大冰库，那里的冰层平均厚度达一千五百多米，如果这里的冰全部融化成水，将能填满世界上最大的陆间海洋——地中海；而如果让它流入海洋，那么全世界的海水就会升高6~7米。作为世界第一大岛，格陵兰岛的面积达217.6万平方千米，相当于整个西欧的面积，是中国第一大岛——台湾岛的60倍。格陵兰岛地处北极圈内，光照时间很短，那里的冬季非常寒冷，经常会出现强烈的暴风雪天气。而在夏季，沿海岸一带则呈现出一片绿色景象。岛上还生存着驯鹿、北极熊、北极狐和海豹等动物，近海还有鲸、鳕鱼和沙丁鱼等。格陵兰岛地下资源丰富，拥有多种金属矿。岛上生活着五万多名居民，多为因纽特人。

最大的群岛

马来群岛是世界上最大的群岛，它散布在太平洋与印度洋之间的广阔海域。其原名为南洋群岛，后因岛上的居民主要是马来人而得名。马来群岛炎热多雨，属于热带雨林和热带季风气候。岛上物产丰富，盛产椰干、油棕等作物，堪称是世界上最大的热带作物生产基地。

马来群岛位于亚洲大陆和大洋洲之间，由两万个大小不等的岛屿组成，总面积达 248 万平方千米，被称为"南洋群岛"。无论从岛屿数目还是面积上来讲，南洋群岛都算得上是世界上最大的群岛。

南洋群岛具有典型的热带自然环境，盛产热带作物，其中，椰子、油棕、橡胶、木棉、胡椒、金鸡纳霜等物品的产量在世界上都位居前列。

南洋群岛以其优美的自然风光，吸引着来自世界各地的游客。

最大的珊瑚礁区

大堡礁是地球上巨大的海洋生物博物馆，有“透明清澈的海中野生王国”的美誉。在澄澈碧蓝的海面上，零星地点缀着一座座色彩斑斓的珊瑚岛礁。当海面波涛汹涌的时候，岛礁内却平静异常。珊瑚礁群中的珊瑚礁艳丽多姿、形态万千，从而构成了奇特的海底景观。

澳大利亚东北海岸外有一系列珊瑚岛礁，总称为“大堡礁”。它沿昆士兰海岸绵延两千多千米，由3000个岛礁组成，总面积达34.5万平方千米，是世界上最大、最长的活珊瑚礁群。

大堡礁纵贯澳洲的东海岸，全长2013千米，最宽处可达240千米。大堡礁南端离海岸最远有241千米；北端离海岸仅16千米。在大堡礁群中，色彩斑斓的珊瑚礁有红色、粉色、绿色、紫色和黄色；形状也千姿百态，有鹿角形、灵芝形、荷叶形、海草形，它们共同构成了色彩斑斓的海底景观。这里生活着大约一千五百种热带海洋生物，有海蜇、管虫、海绵、海胆、海葵、海龟（其中以绿毛龟最为珍贵），以及蝴蝶鱼、天使鱼、鹦鹉鱼等各种热带观赏鱼；而这里的巨毒石鱼、海蜇、巨型海蛇也令人生畏。更让人惊叹的是，在大堡礁的四百多个珊瑚礁群中，有三百多个是活珊瑚岛。大堡礁里多姿多彩的珊瑚景色，吸引了世界各地的游客前来观赏。

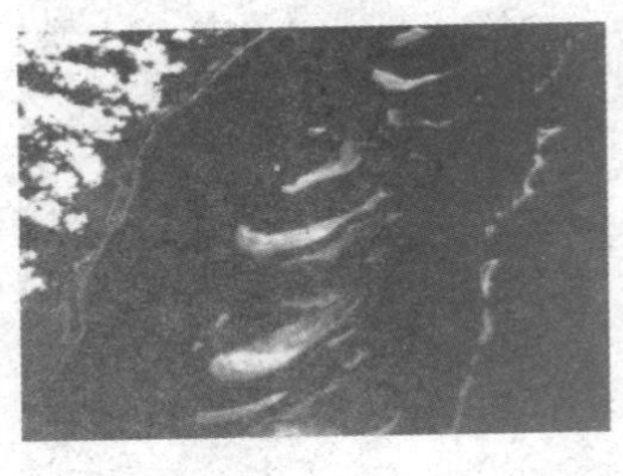

高空俯瞰大堡礁胜景。

最大和最小的洋

洋这个词起源于希腊文，早期的希腊人认为，洋是围绕着地球流淌的巨大的河流。从宇宙中看地球，地球是一个蓝色的星球，正是因为有海洋的存在，才产生了地球上的生命；也正是因为海洋的存在，才使我们的星球看上去更加多彩多姿。

太平洋是世界上最大的洋。它位于亚洲、大洋洲、美洲和南极洲之间，东西最宽处 19000 千米，南北最长处 16000 千米，总面积 1.8 亿平方千米，占全球总面积的 35%，世界海洋总面积的 50%，超过了世界陆地面积的总和；同时，太平洋也是体积最大的洋，为

北冰洋以北极圈为中心，位于地球的最北端。

70710 万米。太平洋平均深度为 3957 米，马里亚纳海沟是太平洋的最深处，深度达 11034 米。太平洋有岛屿一万多个，是岛屿最多的大洋，其中较大的岛屿将近三千个。太平洋也是世界上最温暖的大洋，海面平均水温为 19℃，其水产资源也最为丰富，有许多海洋生物，包括浮游动物、浮游植物、两栖动物等。太平洋又是火山地震最频繁的地带，它周围分布着占世界 80% 的火山和地震区，约占世界 70% 的台风也是在太平洋海域中形成的。

北冰洋是世界上最小的洋，它地处亚欧大陆、北美大陆和格陵兰岛之间，面积为 1500 万平方千米，平均深度 1200 米，最大深度 5500 米。白令海峡把北冰洋周边的陆地分为两大部分：一部分是欧亚大陆，另一部分是北美大陆与格陵兰岛。北冰洋从每年 11 月开始进入冬季，一直持续到第二年 4 月。5、6 月份和 9、10 月份是这里的春季和秋季；北冰洋的夏季短暂，只有 7、8 两个月。北冰洋的气温在 1 月份达到最低，约为 -40℃ ~ -20℃；北冰洋气温 8 月份最高，但气温仍在零下。北冰洋 2/3 的海面被冰雪覆盖，由于洋流运动，北冰洋表面的海冰总在不停地漂移。北冰洋里的鱼类主要是北极鲑鱼、鳕鱼等；哺乳动物有海豹、海象、鲸、海豚、北极熊等。北冰洋不仅有丰富的生物资源，而且矿产资源也十分丰富：海底富含锰结核等矿床，已发现的两个海区里可能蕴藏着丰富的石油和天然气。

最古老的海

蔚蓝深邃的地中海沉淀了古老而悠久的文明，滚滚的波涛似乎在讲述亘古不变的不朽传奇。作为世界最大的陆间海的地中海，早在从中生代到新生代的中新世期间，便在复杂的相对运动中形成了这一古老的海域，并成为人类文明的摇篮。

地中海海岸线曲折、岛屿众多。

地中海是世界上最大的陆间海，更是世界上最古老的海。它位于欧、亚、非三大洲之间，自古就是通往三大洲的交通要道，通过它，埃及、希腊、古罗马的文明得以传播到世界各地。地中海的属海有伊奥尼亚海、亚得里亚海、爱琴海等。地中海的气候非常特别，夏季干热少雨，冬季温暖湿润。周围河流冬季涨满雨水，夏季则干旱枯竭，气象学把这种特殊的气候称为地中海气候。现在，地中海是大西洋的附属海，但在地质史上，它比大西洋还要久远——大约在6500万年以前，古地中海是辽阔的特提斯海，范围很大，仅次于太平洋，而那时大西洋尚未形成。

最热、最咸的海

红海是亚非大陆间的一条断裂谷，因其大部分地区处于副热带，并受副热带高压长期控制，以及东西两侧热带沙漠的夹持，故常年气候干燥，温度极高。因此，红海当之无愧地成为世界上最热的海。美丽的红海是大自然的馈赠，其独特的风光更让游人有如临仙境之感。

位于非洲东北部与阿拉伯半岛之间的红海，是印度洋的边缘海。因其表层海水中繁殖着一种蓝绿藻，这种海藻死后会变成红褐色，并把海面染红，红海因此而得名。红海是世界上水温最高的海，在8月份，它的表面温度可高达32℃，更让人惊奇的是深海盆区的水温竟可达60℃。红海受副热带高气压带控制，又受到阿拉伯半岛和北非的热带沙漠气候干热风的影响，常年闷热，因此水面温度很高。那么，又是什么原因导致红海深海水温特别高呢？人们根据20世纪60年代海底扩张和板块构造学说推断出：在非洲和阿拉伯半岛之间，地壳下地幔物质对流引起地壳张裂，便形成了今日的红海；海底扩张形成了地壳裂缝，岩浆沿缝隙不断上涌，使海底的岩石不断变热，因而海水温度很高。同时，从陆地上流入红海的淡水很少，蒸发又特别旺盛，所以红海也就成了世界上最咸的海。

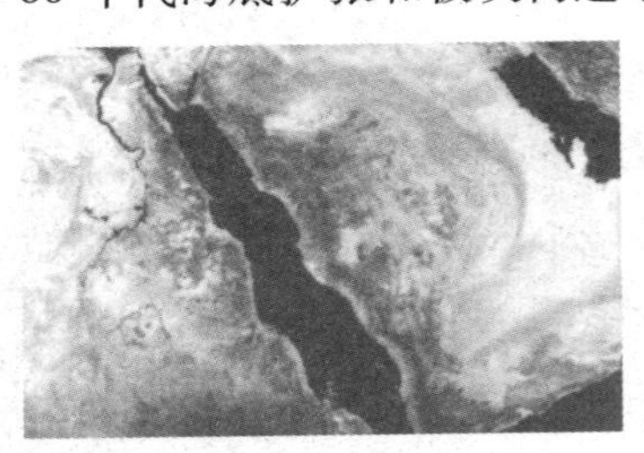

目前红海在不停地扩张，几千万年后，红海有可能成为新的大洋。

岛屿最多的海

提起雅典，人们自然会联想到碧蓝无垠的爱琴海。在世人的心目中，爱琴海是古老文明的象征。斑驳的城墙遗迹、威严的神像石柱，所有庄重、雄伟的影像全部倒映在爱琴海幽深的碧波之中……爱琴海，这个听起来优雅恬静的词，时间赋予了它丰富的底蕴和不朽的传奇。

爱琴海是世界上岛屿最多的海，它位于希腊半岛和小亚细亚半岛之间，是地中海的一部分。爱琴海海水湛蓝，沙滩清洁，几米深的海水依然透明清澈。爱琴海的海岸线非常曲折，数以千计的大小岛屿散布在美丽的爱琴海上，如米诺斯岛、帕罗斯岛、桑托林尼岛等由 145 个小岛组成的基克拉泽斯群岛。作为古希腊文明摇篮的爱琴海是著名的观光避暑和考古胜地：圣托尼岛风景优美，岛上的建筑大多有雪白的墙壁和蓝色的圆形屋顶；萨摩丝雷斯岛因公元 305 年岛上修建的一座胜利女神大理石雕像而闻名于世；米诺斯岛上有三百多间教堂，富有威尼斯情调；最大的克里特岛是爱琴海南部的门户，岛上曾建有规模宏大的宫殿。

最深的海沟

马里亚纳海沟是一条位于大洋底部的弧形洼地，是地球上最深的地方。马里亚纳海沟地处太平洋板块与亚欧大陆板块的边缘地带，由于两大板块相互碰撞、挤压，使这一地带形成了巨大的海沟。有人曾做过一个极为形象的比喻：马里亚纳海沟的深度甚至可以装得下珠穆朗玛峰。

位于太平洋中西部马里亚纳群岛东侧的马里亚纳海沟是世界上最深的海沟。该海沟南北长2850千米，宽度为70千米，陡崖近乎直立，深深切入了大海的底部。

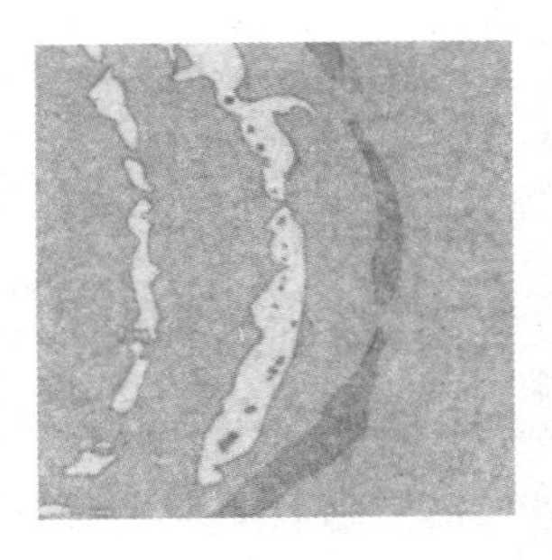

马里亚纳海沟位于太平洋的西部，是太平洋洋底一系列海沟的一部分。

经科学家们对马里亚纳海沟进行超声波探测发现：马里亚纳海沟形成已有6000万年的历史，而且在其西南部还有一条深海沟，但其深度略逊于马里亚纳海沟，马里亚纲海沟是迄今为止世界海洋中已知的最深的地方。

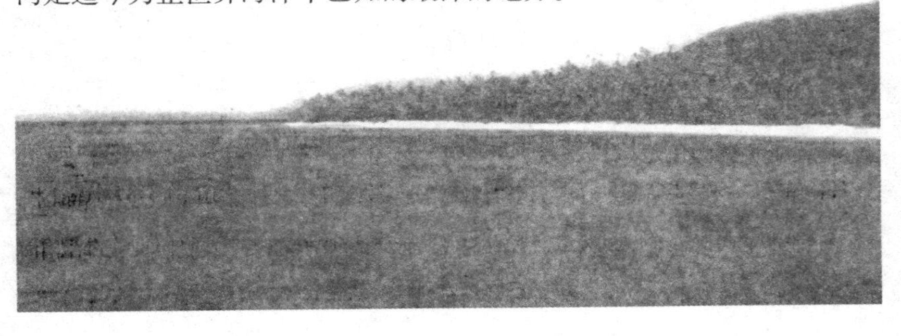

最大的海湾

孟加拉湾是印度洋北部的海湾，它得名于印度的蒙古邦，其总面积为217.2平方千米，堪称世界第一大湾。孟加拉湾也是热带风暴经常侵袭的地方。海风呼啸而不，卷起层层巨浪，常常给附近的居民带来严重的危害。对此，人们制定了各种预防措施，尽量将危害降到最低。

世界上最大的海湾是孟加拉湾，它属于印度洋的一部分，北靠孟加拉国。恒河和布拉马普特拉河从北部注入孟加拉湾，在湾顶形成了宽广的河口和巨型三角洲。

孟加拉湾是热带风暴孕育的地方：台风产生于西太平洋，袭击菲律宾、中国、日本等国。每年4月—10月的夏秋之交，猛烈的风暴常常伴着海潮，掀起滔天巨浪，呼啸着向恒河、布拉马普特拉河的河口冲去，风浪很急，大雨倾盆，往往造成巨大的自然灾害。

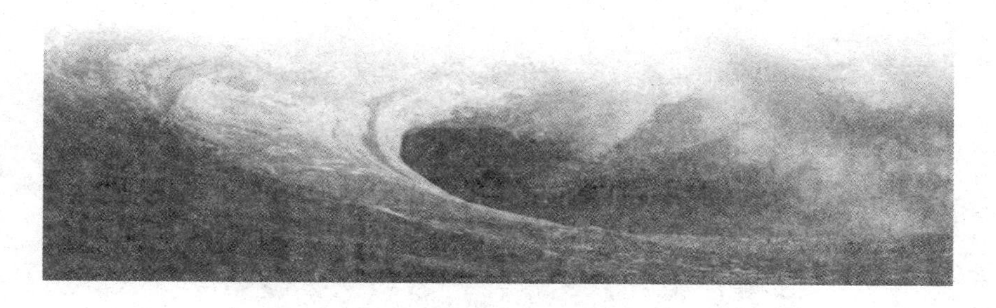

极地中最擅长潜水的动物

海豹是哺乳动物，它们和陆地上的豹是亲戚，但并不像豹跑得那样快，因为海豹长了一双类似于鱼鳍的脚，使其在陆地上行走时，速度非常缓慢。憨态可掬的海豹是极地中温文尔雅的使者，它们温驯可爱的外表总会让人们忍不住流露出喜爱之情。

海豹生活在北极和南极地区寒冷的海滨和巨大的浮冰上。海豹善于游泳和潜水，但它们并非完全的水中动物，因为它们在必要的时候会返回陆地产下它们的幼崽。上岸后的海豹不能行走，只能在海岸上爬行。它们能够凭借巨大的鼻孔在水面上进行快速地呼吸，吸取大量的氧气，这就使得它们在水下猎食或者逃避捕猎者时，几乎可以长时间不露出水面。

最大的双壳贝

在神秘的海洋世界中，贝类动物可以说是一类最绚丽多姿的海洋软体动物。它们有色彩斑斓的外壳，玲珑可爱的贝壳，让人爱不释手。在贝类动物中，双壳贝是很常见的。世界上最大的双壳贝——砗磲便是其中之一，其体形完全可以与家中的浴盆相比较。

据报道，世界海洋中体形较大的双壳贝只有6种，都生活在热带海域的珊瑚礁环境中。

一般人见到砗磲时都会大吃一惊，因为它实在是太大了！砗磲的贝壳又大又厚实，普通情况下长一米，大的则有二米多，重二百五十多千克。砗磲的一扇贝壳比浴盆还要大，用它做浴盆洗澡也一定没有问题。所以砗磲是当之无愧的贝壳之王。

砗磲的贝壳通常为白色，呈放射状，表面披着一层薄薄的灰绿色“外衣”。砗磲有绚丽多彩的外套膜，不仅有孔雀蓝、粉红、翠绿、棕红等鲜艳的颜色，而且还有多色的花纹，像是大海里盛开的美丽花朵。砗磲的寿命很长，它究竟可以活多少年，我们现在还不清楚，有人估计它可以活数百年。如果真的是这样，那它完全可以与爬行动物中的龟相比了。砗磲主要产于热带海域，一般生活在珊瑚礁间。我国的海南岛、西沙群岛等地区的海域中均有砗磲的分布。

最长的软体动物

鱿鱼是软体动物门头足纲管鱿目开眼亚目的动物。它们的身体细长，呈长锥形。与章鱼不同的是鱿鱼有十只触腕，其中两只较长。这些触腕的前端有吸盘，吸盘内有齿环。鱿鱼喜群聚，尤其是在春夏季交配产卵期。鱿鱼在中国最早的记录始于宋代。

枪乌贼也叫鱿鱼，生活在浅水海域。它们的头和身体都是狭长的，躯干末端尖尖的，和标枪的枪头很像，因此得名枪乌贼。目前人们所知道的最大的枪乌贼有17米长，触手长13米，是世界上最长的软体动物。枪乌贼是游泳高手，游得很快，其速度可达50千米/时，遇到敌害时它们的速度甚至可以达到150千米/时。它们流线型的身体可以减少水的阻力，躯干外面包裹着囊状的外套膜，里面是一个空腔和一个外套腔，腔内灌满水，入口便扣上了。挤压外套腔时，里面的水就从颈下漏斗喷出，这样，依靠喷水的反作用力，枪乌贼便可以快速地前进了。枪乌贼吃饱时或没有危险时就用菱形的鳍慢悠悠地划水，身体呈波浪状前进；捕食或遇到危险时，就尾部朝前，头和触手转向尾部紧缩在一起，用喷水方式前进。枪乌贼在遇到环境改变的时候还可以改变自己身体的颜色。在迫不得已时，它们会放出一股乌黑的墨汁，使敌人看不清方向，然后它们会趁机逃脱。

鱿鱼的躯干部细长，又叫“柔鱼”或“小管仔”。

最大的食肉鱼

也许很多人都看过电影《大白鲨》，让人记忆犹新的是那满口尖牙、凶猛残暴的大白鲨，如果要说世界上最大的食肉鱼，非大白鲨莫属了。

大白鲨是一种不同寻常的食肉动物。其身体硕重，尾部呈新月形，牙齿大且有锯齿缘，呈三角形。大白鲨有着独特冷艳的色泽、乌黑的眼睛、凶恶的牙齿和双颚，这不仅让它成为世界上最易于辨认的鲨鱼，也让它成为几十年来极具装饰性的封面“海洋动物”。成年大白鲨平均 4.5 米长、650 千克重，有证据表明有些大白鲨可长达六米多。分布于各大洋热带及温带区，一般生活在开放洋区，也常会进入内陆水域，但它能够保持住高于环境温度的体温，这让它在非常冷的海水里也可以适意地生存，所以成为分布最为广泛的鲨鱼之一。

大白鲨是一种名副其实的海洋杀手。虽然很难在大多数沿海地区看到

它，但渔船和潜水船经常会与它不期而遇。它嗜血成性。2000 万年来这位深海连环杀手一直统治着海洋，所到之处，所有生物都成了它的美食，还常常包括人。

大白鲨具有极其灵敏的嗅觉和触觉，它可以嗅到 1 千米外被稀释成原来的 1/500 浓度的血液气味并以 40 千米/时以上的速度赶去，它还能觉察到生物肌肉收缩时产生的微小电流，以此判断猎物的体形和运动情况。

它那张血盆大口中，上鄂排列着 26 枚尖牙利齿，牙齿背面有倒钩，猎物被咬住就很难再挣脱。大白鲨还有一项特异功能：一旦其前面的任何一枚牙齿脱落，后面的备用牙齿就会移到前面补充进来。在任何时候，大白鲨的牙齿都有大约三分之一处于更换过程之中。据估计，大白鲨一生之中将丢失并更换成千上万枚牙齿。如果大白鲨的牙齿也可以卖钱的话，那么大白鲨也将是“千万富翁”。

大白鲨的眼睛上方有层隔膜，当眼球向内翻转时，会出现翻白眼的形态，这样可保护眼球不被其他猎物伤害。